Wanderungen in die Erdgeschichte

9

Auf den Spuren der Eiszeit südlich von München

– westlicher Teil –

Rolf K. F. Meyer & Hermann Schmidt-Kaler

164 meist farbige Abbildungen:
Fotos, Skizzen, Profile, Blockbilder,
Landschaftsrekonstruktionen und geologische Karten
sowie 6 farbige Routenkarten 1:100 000
(mit Eintragung der Radwege und der Besichtigungspunkte)

Verlag Dr. Friedrich Pfeil · München 2018 · 3. Auflage

Bibliografische Information der Deutschen Nationalbibliothek

Die Deutsche Nationalbibliothek verzeichnet diese Publikation in der Deutschen Nationalbibliografie; detaillierte bibliografische Daten sind im Internet über http://dnb.dnb.de abrufbar.

Druckvorstufe: Verlag Dr. Friedrich Pfeil, München
Druck: PBtisk a.s., Příbram I – Balonka

Printed in the European Union

1. Auflage 1997
2. Auflage 2002
3. Auflage 2018

ISBN 978-3-89937-236-6

Verlag Dr. Friedrich Pfeil, Wolfratshauser Straße 27, 81379 München
Tel.: +49 89 5528600-0 – Fax: +49 89 5528600-4 – E-Mail: info@pfeil-verlag.de – www.pfeil-verlag.de

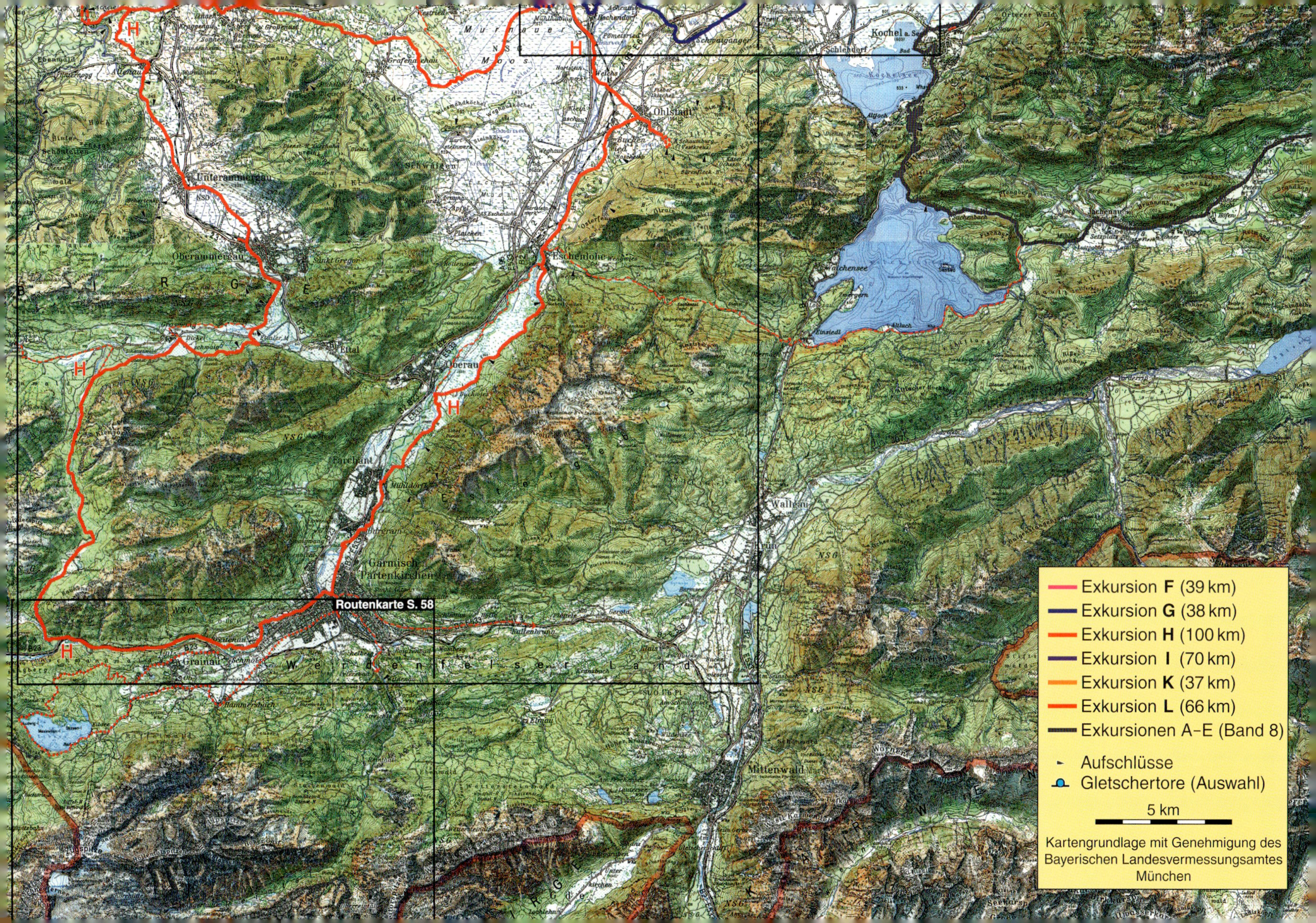
Routenkarte S. 58
Exkursion F (39 km)
Exkursion G (38 km)
Exkursion H (100 km)
Exkursion I (70 km)
Exkursion K (37 km)
Exkursion L (66 km)
Exkursionen A–E (Band 8)
Aufschlüsse
Gletschertore (Auswahl)
5 km
Kartengrundlage mit Genehmigung des Bayerischen Landesvermessungsamtes München

Titelbild

Blick über Partenkirchen auf das Wettersteinmassiv. Zwischen Alpspitze (links) und Zugspitze (rechts) liegt unter der Wettersteinkalkwand der schmale Höllentalferner als letzter Rest der Vergletscherung in der Eiszeit. Der bewaldete Hausberg davor liegt im Bereich der weichen Partnach-Mergel. Das weite Becken von Garmisch-Partenkirchen entstand am Zusammentreffen der Eisströme vom Fernpass im Westen und vom Seefelder Sattel über Mittenwald im Osten; es reicht noch 200 m unter den heutigen Talboden und ist mit Seetonen und Schottern verfüllt. – Foto: R. Sterflinger.

Rückseite

Das Höllental mit dem Rest des Höllentalferners unter der Zugspitzwand im Sommer. Über den Rundhöckern der Kartreppe liegen Moränenreste der »kleinen Eiszeit« von 1850. Tiefer im Tal die letzten spätwürmzeitlichen Rückzugsmoränen des Höllentalanger-Standes der Jüngeren Dryas-Zeit. – Foto: H. Jerz.

Gabriele Münter, Jahrzehnte in Murnau lebend, hat 1936 das hügelige Voralpenland und die in Föhnstimmung aufleuchtende Alpenkulisse im Loisachtal mit kräftigen Farben eingefangen. Von Murnau senkt sich die Straße hinunter ins nebelerfüllte Murnauer Moos, aus dem die vom Eis polierten Rundhöcker herausschauen. Im Hintergrund liegt der Nebel wie vormals der gewaltige Eisstrom im Loisachtal und reicht bis an den Fuß des Wettersteingebirges. Rot flammt der Föhnhimmel dahinter auf. – »Olympiastraße bei Murnau«, Öl auf Leinwand, Schlossmuseum Murnau.

Inhalt

1. Vorwort

Wie schon im Vorwort zum Band 8 erwähnt, musste die Darstellung des Isar-Loisach-Gletschers wegen des ausgedehnten Gebietes auf zwei Bände verteilt werden. In Band 8 haben wir neben fünf Exkursionsbeschreibungen im östlichen Teil des Gebietes eine ausführliche Einführung für das Gesamtgebiet gebracht. Sie gibt einen Überblick über die Landschaft und ihre Entstehung, zeigt die Charakterzüge der Eiszeitlandschaft südlich von München auf, schildert den Ablauf der Eiszeiten und geht besonders auf die so prägnante Jungmoränenlandschaft der Würm-Eiszeit ein, deren Gletschervorstoß und -rückzug insgesamt geschildert werden. Diese Abschnitte werden vor allem durch 34 instruktive Zeichnungen, Blockbilder und Fotos bildlich verdeutlicht. Es ist klar, dass zum Verständnis der folgenden Exkursionsbeschreibungen des westlichen Teils die Kenntnis der Einführungskapitel von Band 8 notwendig ist.

In diesem Band sind auch die Wiedergabegenehmigungen für die diversen Karten und der Dank für Hilfe enthalten, die wir deswegen nicht nochmals bringen. Hier wird nur eine kleine spezielle Einführung gegeben, die den Vorstoß und Rückzug des würmzeitlichen Loisach-Gletschers schildert.

Abb. 2. Blick vom Riegsee durch das vom Eis ausgeschliffene Loisachtal auf das Wettersteingebirge. – Aquarell von G. Schmidt-Kaler. ▷

Abb. 1. Die weit zurückgeschmolzene Zunge des inneralpinen Loisach-Gletschers im Talbecken von Garmisch-Partenkirchen. Vor dem Zugspitzmassiv treffen die Eisströme aus dem Inntal über den Fernpass (rechts) und über den Seefelder Sattel durchs Kankertal zusammen. – Aquarell von G. SCHMIDT-KALER.

2. Der Vorstoß und der Rückzug des würmzeitlichen Loisach-Gletschers, dargestellt in einer Folge von Bildern

Im folgenden soll, anstelle einer Einführung, der Vorstoß des Loisach-Gletschers und vor allem sein Rückzug aus dem Vorland bis zum Alpentor bei Murnau in einer Bilderfolge wie in einem Film dargestellt werden. Nach einem Längsschnitt durch den Loisach-Gletscher folgt eine Skizze der Rückzugsmoränenwälle im Alpenvorland; zwei Bilder von Island geben einen Eindruck heutiger großer Gletscherströme mit ihren Endmoränen, peripheren Abflussrinnen und Schmelzwasserseen.

Die instruktiven Landschaftsrekonstruktionen von L. Feldmann (Abb. 7–12) zeigen den kurzen Vorstoß des Loisach-Gletschers aus den Alpen heraus weit ins Vorland über den Ammersee hinweg bis Fürstenfeldbruck und seinen etappenweisen Rückzug sowie die dabei entstandenen Landschaftsformen.

Einen speziellen Teil dieses Rückzuges, nämlich das Zurückschmelzen des am weitesten nach Norden reichenden Ammersee-Lobus hat M. Schneider (1995) in 6 Skizzen dargestellt, aus denen wir vier ausgewählt haben (Abb. 13–16). Sie zeigen zunächst den noch voll ausgebildeten, breiten Ammersee-Gletscher mit seinen nach allen Seiten hin abfließenden (zentrifugalen) Schmelzwässern bis zum schmalen Rest der Gletscherzunge im zentralen Ammersee-Becken mit dem peripheren Abfluss der Windach in das schon eisfreie Nordende des Sees.

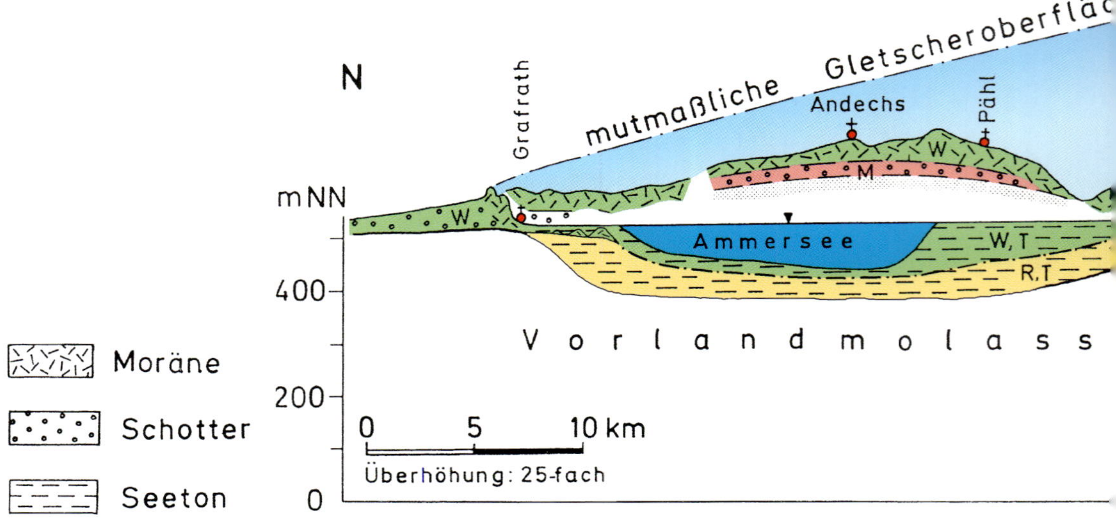

Abb. 3. Längsschnitt durch den Loisach-Gletscher (rechts nach Bader *1979, links nach* Penck *&* Brückner *1901, ergänzt). Er zeigt die mächtige Gletscherzunge, die im Voralpenland rasch ausdünnt. Innerhalb der Alpen hat der Gletscher im Gegensatz zu einem gleichmäßigen Flusstal ein sehr unregelmäßiges Relief ausgehobelt, je nach Härte des Untergrundes. Besonders die weichen Raibler Schichten mit Gipseinlagerungen haben bei Oberau eine erhebliche Übertiefung des Trogtales zugelassen. Die harten Kreide-Quarzite der Kögel im Murnauer Moor haben dagegen dem Eis ebenso widerstanden wie die steilstehenden Sandsteinrippen der Faltenmolasse. In den weicheren Schichten der Vorlandmolasse wurden nur flache, aber breite Zungenbecken ausgeschürft und subglazial ausgespült. Beim Abschmelzen des Eises gegen Ende der Riß-Eiszeit entstand hier das große Ammersee-Becken. Es wurde rasch wieder mit Seeton aufgefüllt. Ähnlich erging es dem inneralpinen übertieften Trogtal. Die Seenketten dort wurden ebenfalls nacheinander mit Seeton und Deltaschottern zugeschüttet. Der letzte Gletschervorstoß der Würm-Eiszeit hat diese Sedimente innerhalb der Alpen nur wenig abgeschürft. Die Seetone des Ammersee-Beckens wurden dagegen großenteils ausgeräumt und beim endgültigen Rückschmelzen des Eises wieder z.T. mit jüngerem Seeton aufgefüllt. Das Zungenbecken ist im Norden bei Grafrath von Endmoränenzügen umgrenzt, an die sich die Münchener Schotterebene anschließt. Die Fortsetzung dieses Moränenzuges gegen Andechs ist im Hintergrund dargestellt. Er liegt dort auf verfestigten Schottern der Mindel-Eiszeit (Nagelfluh-Deckenschotter).*

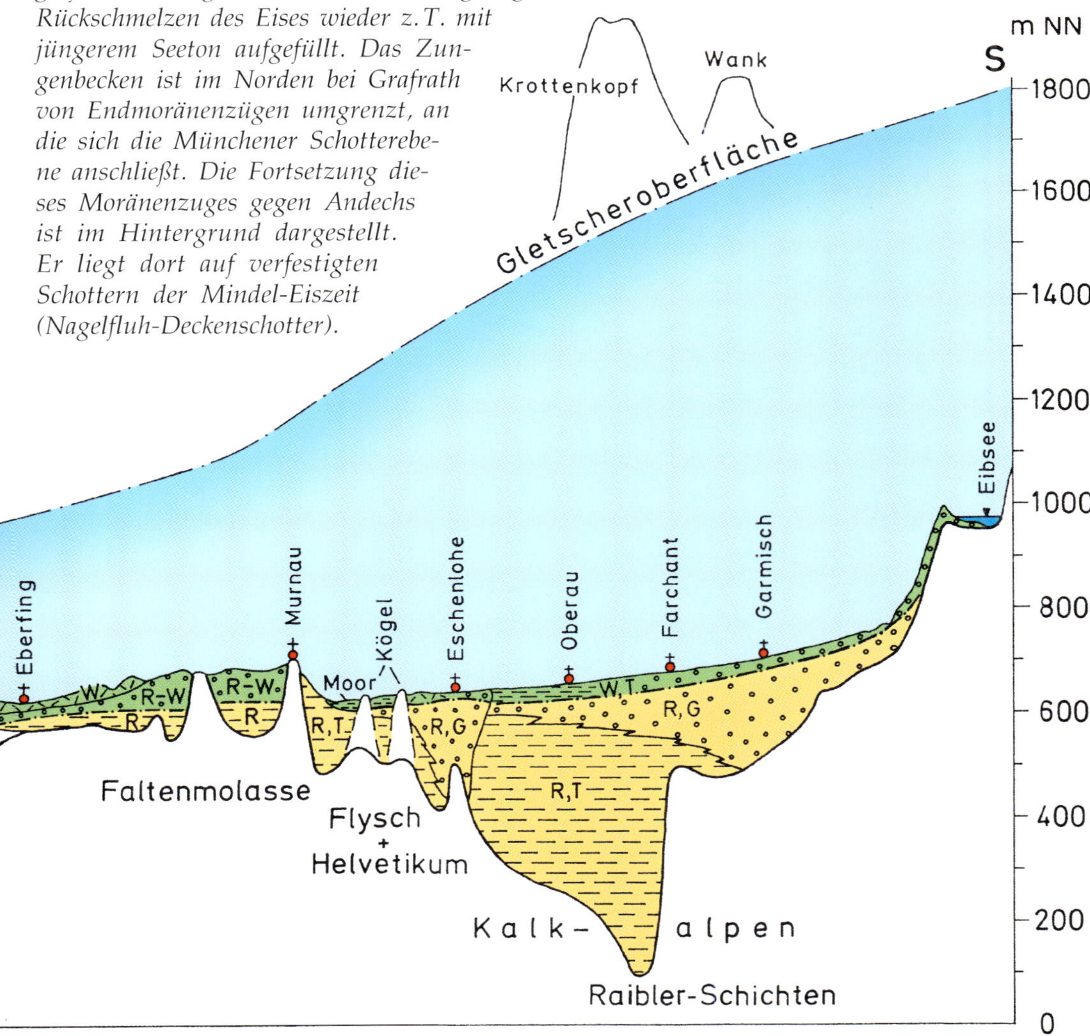

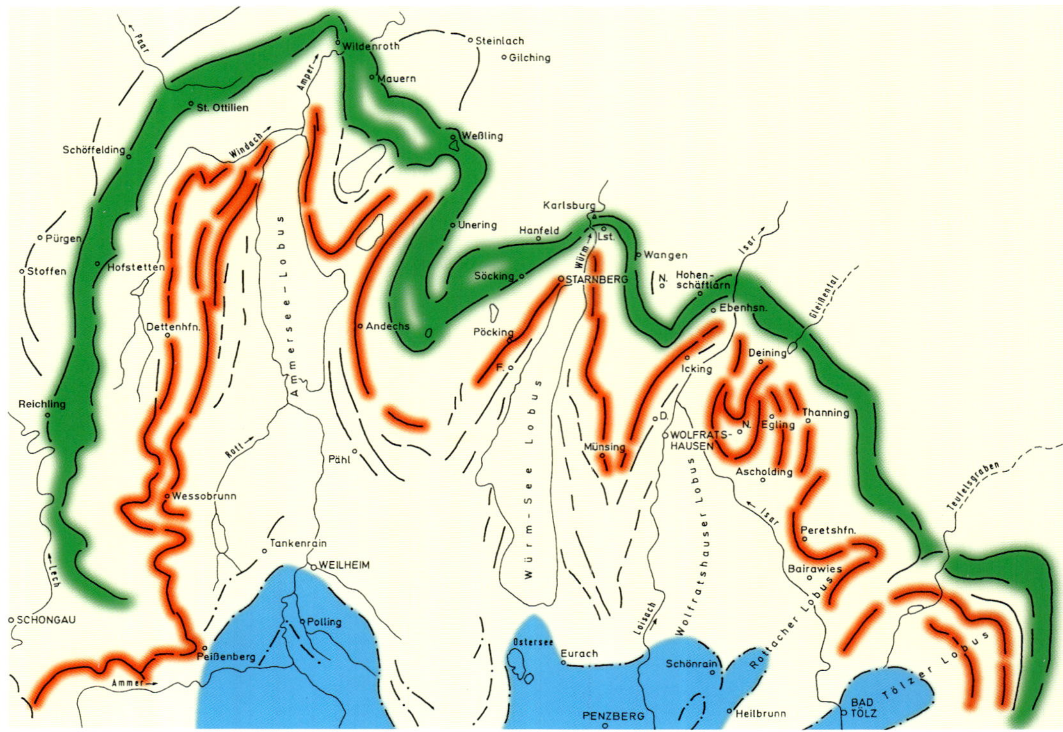

Abb. 4. Die weiteste Ausdehnung des Isar-Loisach-Gletschers und sein stufenweiser Rückzug aus dem Alpenvorland. Der äußere Endmoränenwall (= Haupt-Randlage) bildet noch einen relativ gut zusammenhängenden Girlandenbogen um die Gletscherloben. Dies gilt auch für die 1. Rückzugsphase, den inneren Jungmoränenwall von St. Ottilien-Ebenhausen (grün markiert). Schwierig wird dann die Verknüpfung der weiteren Rückzugsmoränenwälle, da sie nur am Nordende um die Zungenbecken eng gestaffelt sind und nach Süden auseinanderstreben. Bei peripheren Schmelzwasserabflussrinnen entlang des Eises wurde streckenweise überhaupt kein Moränenwall ausgebildet. Der Übersichtlichkeit halber wurde nur ein Teil der Moränenwälle dieser 2. verwirrend ausgebildeten Rückzugsphase dargestellt (im Gegensatz zur Karte von Rothpletz). Der wahrscheinliche Verlauf des Wessobrunner Stadiums ist rot markiert. Stärker nach Süden abgesetzt liegt die 3. Rückzugsphase von Weilheim (blau); da der Geschiebenachschub fehlt, sind nur noch kleine unzusammenhängende Moränenwälle aufgeschüttet worden, deren Verbindung daher unsicher ist. Eingetragen sind die namengebenden Orte der einzelnen Rückzugsstadien.

Phasen	Ammersee-Lobus	Starnberger-See-(Würmsee-)Lobus	Wolfratshausener Lobus
Äußerste Randlage	Pürgen-Stoffen	Neufahrn bei Schäftlarn	–
Haupt-Randlage	Reichling-Schöffelding	Karlsburg-Hanfeld	Hohenschäftlarn
1. Rückzugsphase	St. Ottilien-Hofstetten	Leutstetten-Söcking	Ebenhausen
2. Rückzugsphase	Wessobrunn	Münsing-Starnberg	Icking
3. Rückzugsphase	Weilheim (Trolls »Ammersee-Stadium«)	Eurach	Schönrain

Abb. 5. Der Skaftafell-Gletscher in Island. Von den großen Plateaugletschern Islands schieben sich breite Gletscherzungen ins Tal; am Ende schmelzen sie ab und lagern den mitgeführten Gesteinsschutt in Form einer kleinen Moräne ab, ähnlich wie bei den voralpinen Rückzugsgletschern. Allerdings gab es hier keine großen Plateaugletscher. – Foto: R. Höfling.

Abb. 6. Großer Schmelzwasserabfluss am Ende des Skaftafell-Gletschers hinter dem Endmoränenwall, nach außen in die Sanderflächen übergehend. Am Ende des Gletschers schmelzen die Geschiebe und das mitgeführte Gesteinsmehl heraus und färben ihn dunkel. – Foto: R. Höfling.

Vor 25 000 Jahren:
Ablagerung des Murnauer Schotters

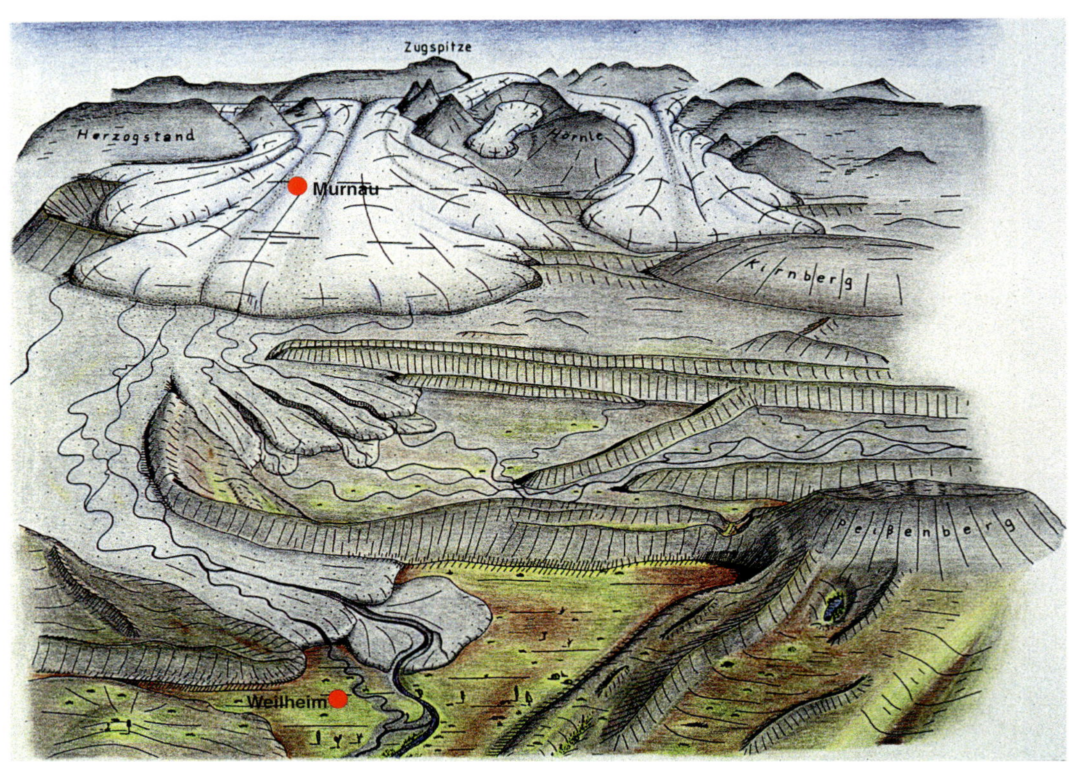

Abb. 7. Ablagerung des Murnauer Schotters (vor etwa 25 000 Jahren). Aus den Alpentälern (Loisach- und Ammertal) stoßen Gletscher ins Alpenvorland vor und breiten sich hier in Form großer Loben (Gletscherzungen) aus. Das Klima ist bereits eiszeitlich geprägt, es gibt nur noch Tundrenvegetation mit Mooren. Der Gletscher bringt sehr viel Schutt mit, der an der Gletscherstirn abgegeben und von Schmelzwässern weitertransportiert wird. Dieser wird in Form großer Schwemmkegel in den Mulden zwischen den Molasserippen abgelagert. Beim Überfahren dieser Ablagerungen nimmt der Gletscher den Schotter teilweise wieder auf und gibt ihn nach kurzer Zeit an der Stirn ab. Auf diese Weise entstehen bis zu 80 m mächtige Schotterablagerungen, die heute zwischen Murnau und Weilheim verbreitet sind (= Murnauer Schotter oder Vorstoßschotter) und in denen die vielen großen Kiesgruben (z. B. bei Huglfing, Eglfing, Spatzenhausen) angelegt wurden. Zentralalpine Gesteine in diesem Schotter zeigen, dass zu dieser Zeit bereits eine Verbindung zwischen Loisach- und Inn-Gletscher bestanden hat. – Nach FELDMANN *1995.*

Vor 20 000 Jahren: Würm-Hochglazial

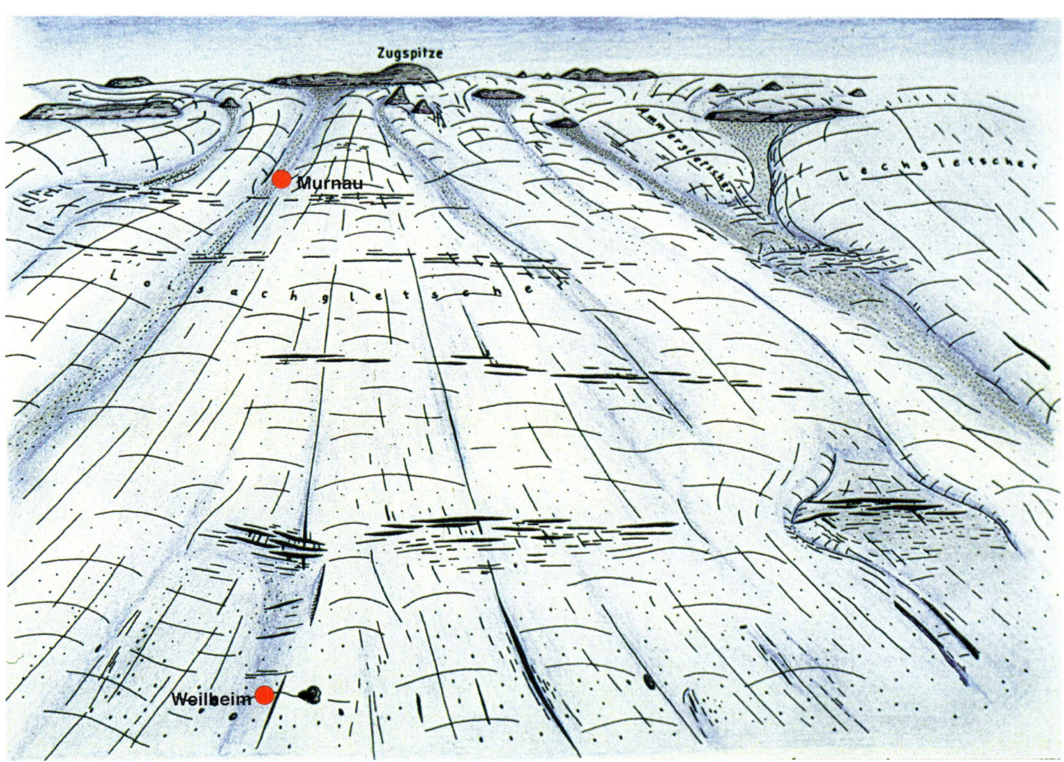

Abb. 8. Würm-Hochglazial (vor etwa 20 000 Jahren). Das Alpenvorland ist fast bis Fürstenfeldbruck (35 km nördlich des unteren Bildrandes) vergletschert. In den Alpen schauen nur noch die höchsten Gipfel aus dem Eis heraus (an der Zugspitze reicht der Gletscher bis in eine Höhe von 1900 m NN). Aus dem Loisach-, Ammer- und Lechtal stoßen jeweils eigene Gletscher vor, die sich im Vorland zu einem Eiskuchen vereinigen. Dabei wird der Ammer-Gletscher zwischen dem Loisach- und Lech-Gletscher an seiner Ausbreitung gehindert. An Erhebungen unter dem Eis zerbricht der Gletscher, es bilden sich tiefe Gletscherspalten. Der Peißenberg (rechts unten) hat (nach Jerz 1993c) wahrscheinlich noch aus dem Eis herausgeschaut. – Nach Feldmann 1995.

Vor 18 000 Jahren: Weilheimer Halt

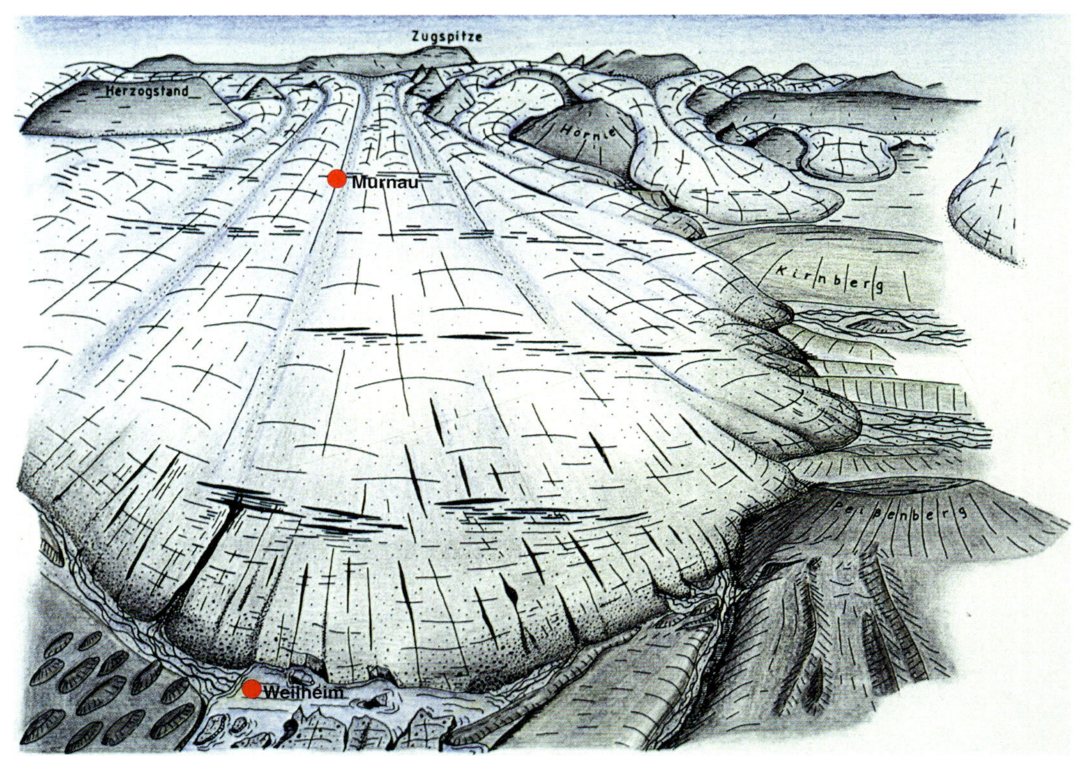

Abb. 9. Weilheimer Halt (vor etwa 18 000 Jahren). Der Gletscher ist bereits auf dem Rückzug. Die Gletscherstirn reicht bis in Höhe von Weilheim und hat hier einen längeren Halt. Zeugnis dieses Haltes ist der abgelagerte Schutt in Form von Endmoränen (z. B. der Hechenberg bei Weilheim und der Hügel, auf dem der Einzelhof Waitzacker liegt). Peißenberg und Kirnberg sind eisfrei. Die Entwässerung des Gletschers erfolgt durch das Tal von Eberfing über Deutenhausen nach Weilheim (vorne links im Bild), durch das Rottal (vorne rechts) sowie zwischen Peißenberg und Kirnberg nach Westen zum Lech (dies ist der Zustand, bei dem die »Ammer zum Lech« fließt – es handelt sich aber um Schmelzwasser, nicht um einen Fluss). An der Stirn endet der Gletscher in einem See (Ur-Ammersee), der aber kein zusammenhängender See ist, sondern größtenteils von Toteis erfüllt ist (vorn Mitte). Vorne links erscheint das Eberfinger Drumlinfeld. Loisach-, Ammer- und Lech-Gletscher (letzterer oben rechts angedeutet) haben getrennte Loben. – Nach FELDMANN *1995.*

Vor 17 000 Jahren: Pollinger Halt

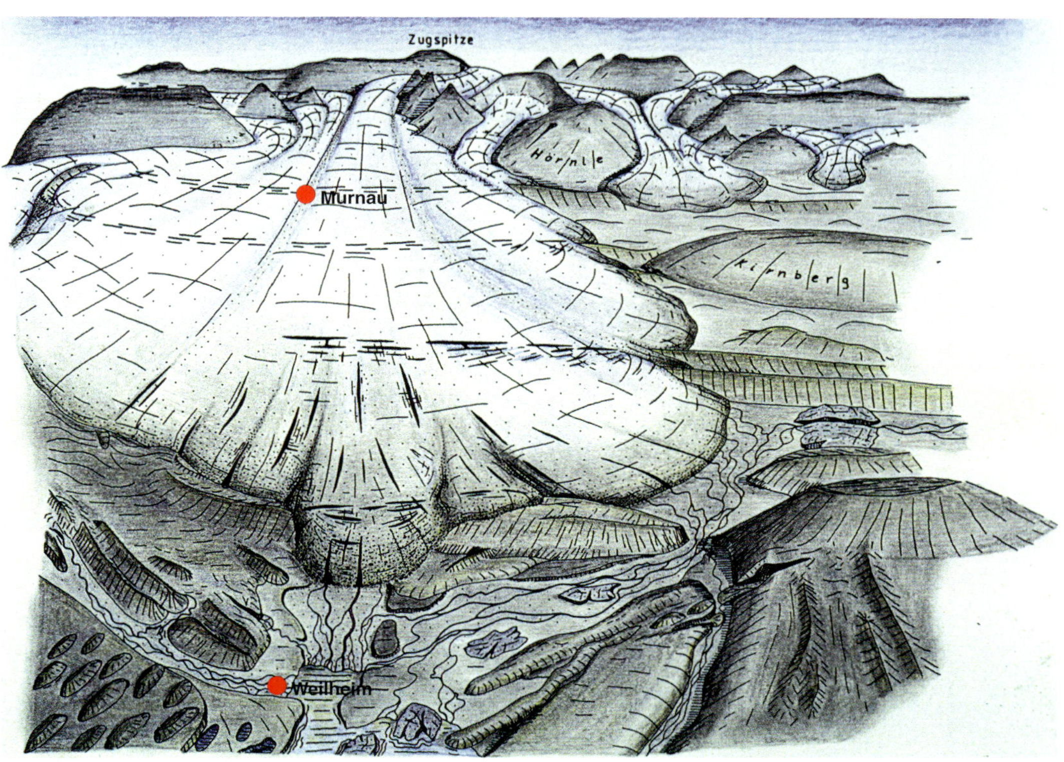

Abb. 10. Pollinger Halt (vor etwa 17 000 Jahren). Die Gletscherstirn liegt am Molasseriegel Guggenberg-Westerleiten und überwindet diesen nur noch im Bereich des späteren Ammer-Durchbruchs. Dabei werden die Moränenwälle südwestlich Polling abgelagert. Die Schmelzwässer fließen in breiter Front nach Norden in den Ammersee, der sein südliches Ufer etwa bei Weilheim hat. Im Ammersee liegt noch weit verbreitet Toteis. Unter dem Gletscher gibt es einen mächtigen Gletscherbach, der den Durchbruch durch die Molasse anlegt, den später die Ammer benutzt. Ein weiterer Schmelzwasserabfluss erfolgt durch die Pforte zwischen Guggenberg und Peißenberg; hier fließen Schmelzwässer des Ammer-Gletschers durch. Dies ist der Zustand, bei dem die »Ammer bei Peißenberg« die Molasse nach Norden durchbricht. Das Gewässernetz zu dieser Zeit ist sehr viel stärker ausgeprägt als heute: Die Flüsse und Bäche sind verwildert, mit sehr vielen Armen, die sich trennen und wieder vereinigen und auch häufig ihren Lauf ändern. Da der Boden gefroren ist, kann kein Wasser versickern, es fließt oberflächig ab, so dass heute trockene oder fast trockene Täler von einem umfangreichen Gewässernetz durchflossen sind (z. B. das Rottal oder das Angerbachtal). – Nach F*ELDMANN* *1995.*

Vor 16 000 Jahren:
Uffinger Halt

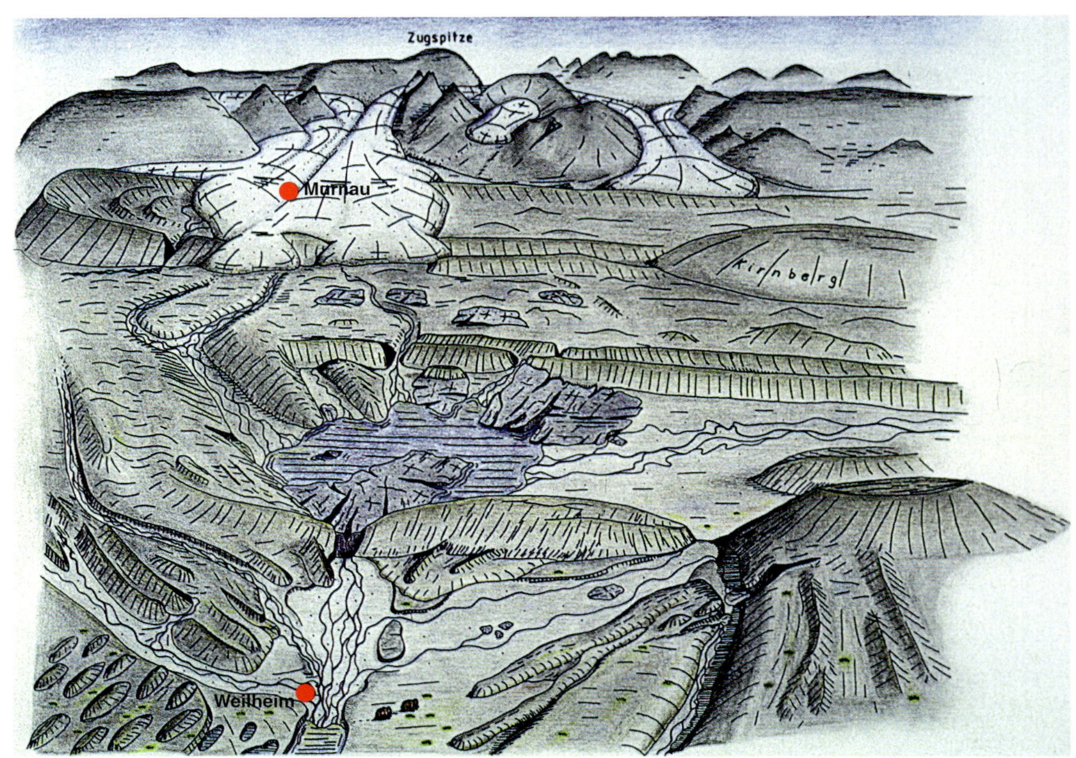

Abb. 11. Uffinger Halt (vor etwa 16 000 Jahren). Die Stirn des Loisach-Gletschers liegt bei Uffing und Großweil, die des Ammer-Gletschers etwa bei Saulgrub/Bad Kohlgrub; letztere schafft es nicht mehr, den Molasseriegel zu überwinden. Bei diesem Gletscherhalt werden nur noch flache Moränenwälle abgelagert (z.B. der Wall, auf dem Spatzenhausen liegt). Die Schmelzwässer fließen in breiten Urstromtälern ab, die heute nur noch teilweise von kleinen Bächen durchflossen werden. Der Ammer-Durchfluss beim Guggenberg ist möglicherweise von Toteis verstopft, so dass sich die Schmelzwässer im Oberhausener Becken sammeln (einschließlich der Schmelzwässer des Ammer-Gletschers, die den gleichen Weg nehmen, wie beim Pollinger Halt). Hier entsteht kurzfristig ein kleiner »Eisstausee«, der unter dem Toteis einen Abfluss hat und nach Abschmelzen des Toteises ausläuft. Im ehemals vergletscherten Gebiet finden sich zahlreiche Reste des zerfallenden Gletschers in Form von Toteis. Nach dessen Abschmelzen entstehen in den Hohlformen, die vorher das Eis einnahm, kleine Seen, die heute größtenteils verlandet sind (z.B. Rotfilz bei Grambach, Schwein-Moos nördlich Schöffau, Ach-Filz westlich Deimenried u.a.). Das Gewässernetz ist noch eiszeitlich verzweigt, heutige Trockentäler werden noch durchflossen. Dazwischen breitet sich eine Tundrenvegetation aus. – Nach Feldmann *1995.*

Die Landschaft heute

Abb. 12. Die Landschaft heute. Die Voralpenlandschaft ist gegliedert durch die streng von Westen nach Osten verlaufenden Molasseriegel. Diese bestehen aus Kalksandstein und Konglomeraten und haben daher als hartes Gestein die glaziale Erosion überstanden. Dazwischen liegen die Ablagerungen der letzten Eiszeit und aus der Zeit danach (dem Holozän). Aus der letzten Eiszeit sind hier v.a. der Murnauer Schotter und die Endmoränen zu nennen. Der Murnauer Schotter, der etwa das linke Drittel der Abbildung einnimmt, ist an der Oberfläche von einigen Metern Grundmoräne bedeckt. Die Endmoränen zeigen sich als mehr oder weniger flache Wälle mit einer unregelmäßigen Oberfläche. Seit dem Rückzug der Gletscher haben sich Flussablagerungen (v.a. der Ammer), Schwemmkegel (z.B. der Eyach) und Moore gebildet, die weitflächig das Gelände zwischen den Molasseriegeln bedecken. Ursache hierfür ist die unter dem Moor liegende wasserstauende Grundmoräne oder Seeton. – Nach FELDMANN *1995.*

Rückzugsstadien des Ammersee-Gletschers

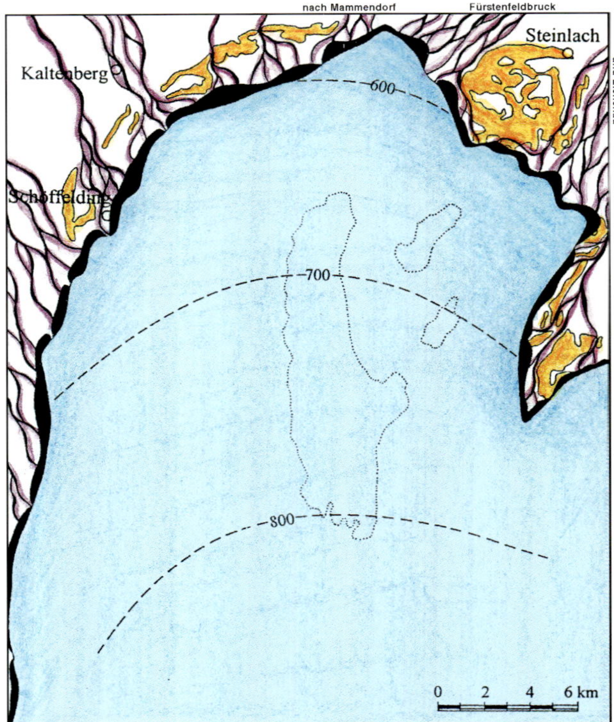

Abb. 13. Der noch breite Ammersee-Gletscher (hellblau) hat schon den Rückzug von seiner weitesten Ausdehnung zur Würm-Eiszeit angetreten und Endmoränen bei Steinlach (gelb) hinterlassen. Der Eisrand liegt nun weiter zurück und häuft einen neuen Moränengürtel auf (schwarz, Schöffeldinger Stadium). Die Schmelzwässer (violett) fließen nach allen Seiten (zentrifugal) ab und beliefern weiterhin die Münchener Schotterebene und das Lechfeld. Zur besseren Orientierung sind die Umrisse von Ammer-, Pilsen- und Wörthsee eingetragen. – Aus SCHNEIDER *1995.*

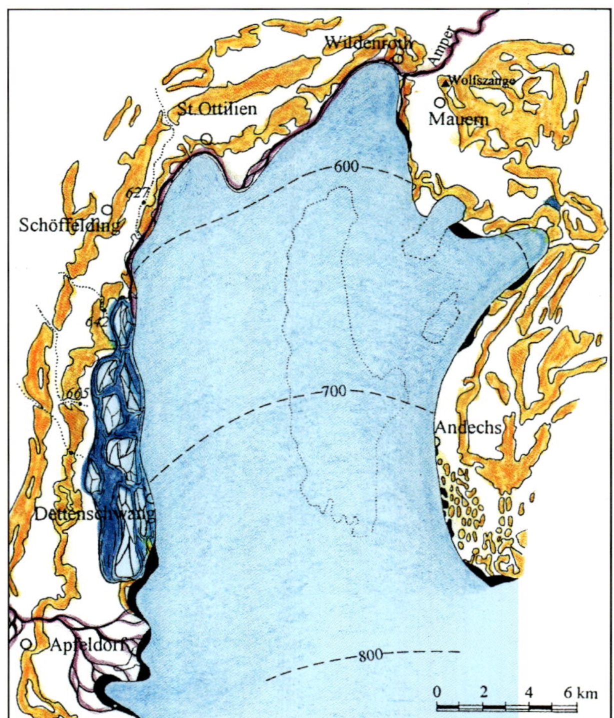

Abb. 14. Nach Bildung eines weiteren Rückzugswalles (St. Ottilien-Wildenroth) steht der Eisrand nun bei Wessobrunn (östlich Apfeldorf) und Andechs (äußeres Wessobrunner Stadium). Die zentrifugalen Schmelzwasserabflüsse fallen nach und nach trocken (Punktreihen). Im Westen bildet sich ein großer Stausee (dunkelblau) mit Toteismassen, von dem ein Abfluss peripher am Eisrand entlang nach Wildenroth zur schon eingetieften Amper geht. – Nach SCHNEIDER *1995.*

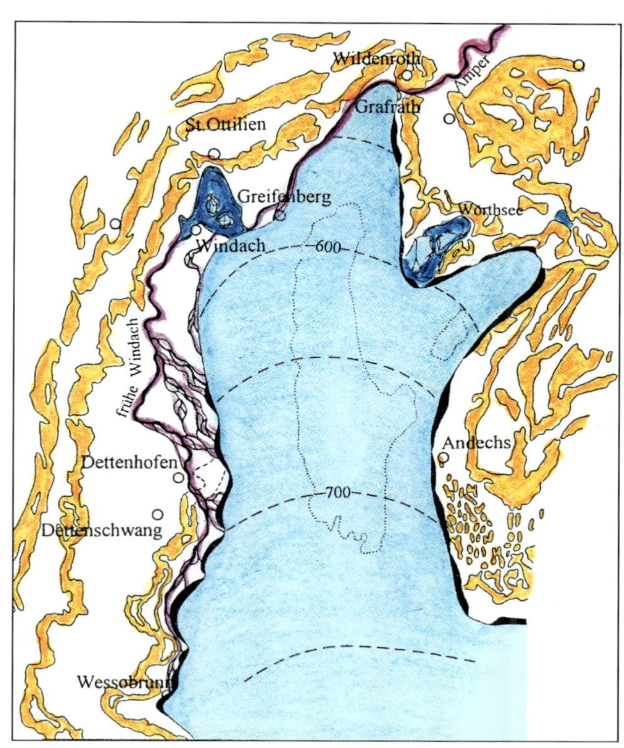

Abb. 15. Der Eisrand hat sich weiter zurückverlagert (Wessobrunner Stadium). Aus dem Toteissee von Dettenschwang bildet sich im Westen die frühe Windach als Flusssystem heraus; sie durchfließt einen kleinen Eisrand-Stausee mit Toteis bei Windach und läuft dann dem Eisrand entlang nach Nordosten auf den Amper-Durchbruch von Grafrath zu. Der Wörthsee hat sich direkt jenseits des Eisrandes mit Toteismassen herausgebildet. Das Drumlinfeld südlich von Andechs wird ganz eisfrei. – Aus Schneider *1995.*

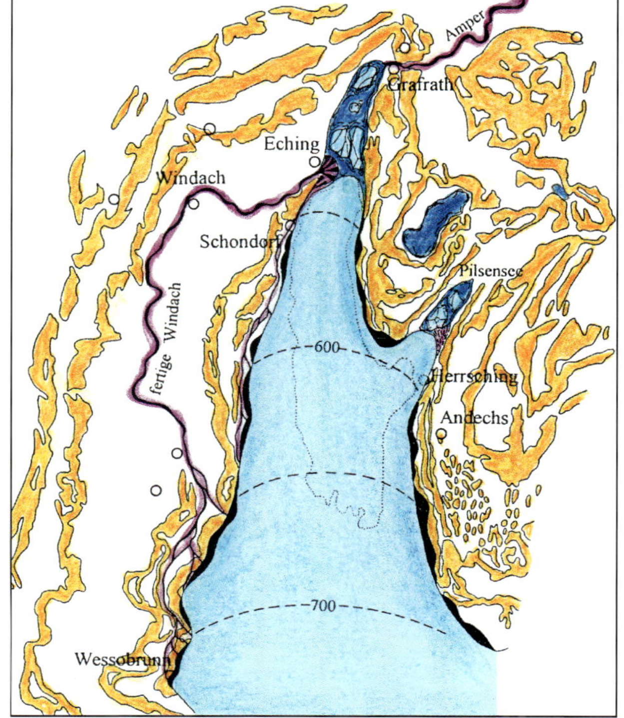

Abb. 16. Die schmale Gletscherzunge nimmt nun im Norden nur noch etwa das Gebiet des heutigen Ammersees ein. Der Wörthsee liegt schon vom Eisrand weit entfernt, der Pilsensee mit Toteismassen direkt an ihm. Die nun voll ausgebildete Windach mündet bei Eching mit einem Flussdelta in den eisrandnahen Stausee im Amperbecken mit Toteis. Die Eintiefung des Amper-Durchbruchs bei Grafrath ist abgeschlossen (Bucher Phase von Kunz*). – Aus* Schneider *1995.*

3. Exkursionen

Exkursion F: Der Starnberger See und der Würm-Durchbruch durch die Leutstettener Endmoräne

(Routenkarte und geologische Karte nächste Doppelseite)

Die namengebende Typusregion der Würm-Eiszeit ist der Würm-Durchbruch durch den Endmoränenbogen um das Nordende des Starnberger Seebeckens. Das junge Durchbruchstal der Würm ist noch nicht so tief eingeschnitten wie der Isar-Cañon und bietet daher noch ein eindrucksvolles Bild vom ehemaligen Gletscherabfluss und seiner durch Terrassen markierten Entwicklung.

Wir beginnen unsere Rad-Exkursion in das Starnberger Gletscherzungenbecken östlich der Würm bei Gauting. Das Tal ist hier kaum in die Münchener Schotterebene eingetieft. Die breite Talaue verengt sich auf unserem Weg nach Süden rasch zum 50 m tiefen Würmtal-Durchbruch im Bereich der Endmoränen. In engen Windungen hat sich die Würm hier bis in den tertiären Untergrund eingeschnitten und ein wildromantisches Tal geschaffen. Am Gleithang der ersten großen Schleife lässt sich die allmähliche Eintiefung anhand der Terrassentreppe in der Waldabteilung Weiherbuchet gut verfolgen. 400 m östlich der Würmbrücke sind in einer Kiesgrube die höchstgelegenen Schmelzwasserschotter unmittelbar vor dem steilen Moränenanstieg erschlossen. Wir folgen weiterhin der östlichen Würmseite und treffen unmittelbar vor dem Gasthaus Würmtal auf blaugraue, bröckelige Tertiär-Mergel am Fuße der Karlsburg, deren Reste auf dem äußersten Endmoränenwall zu sehen sind; auf den Mergeln treten starke Quellen aus, die Fischteiche speisen. Südlich der Abzweigung nach Obermühltal kommen die mindelzeitlichen Nagelfluhbänke heraus.

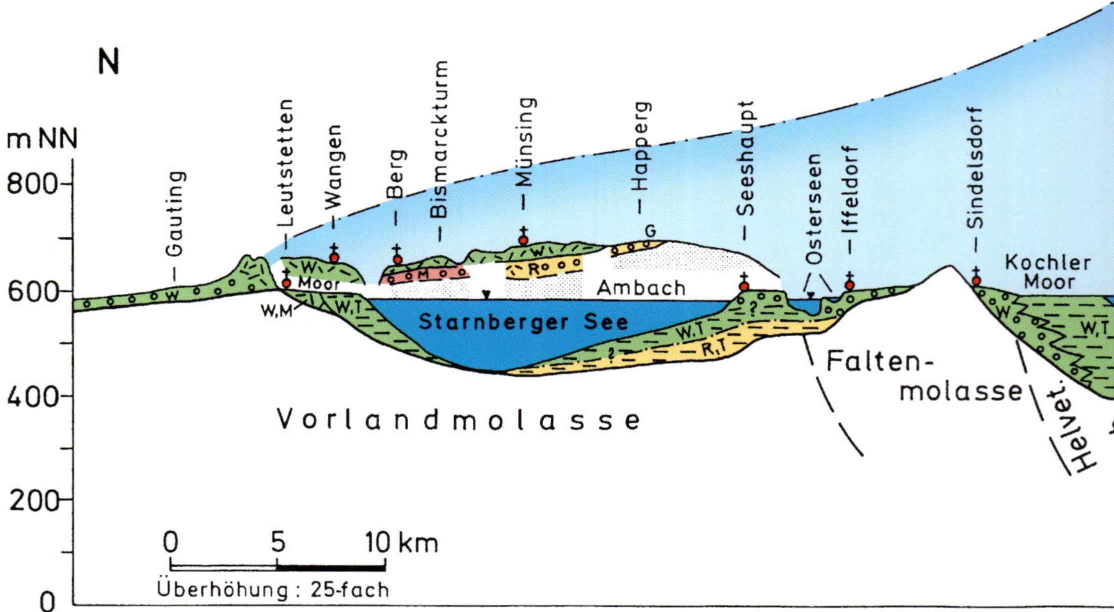

Wir folgen weiterhin dem mit sumpfigen Erlenwäldern verwachsenen Würm-Durchbruch und erreichen an der Leutstettener Brücke das sich weit öffnende Würmsee-Becken, das hier schon vollkommen verlandet ist. Einen guten Überblick bieten die Moränenhöhen F6 nördlich und östlich von Leutstetten; dort steht auch unmittelbar hinter dem Gasthaus der spätglaziale Seeton an. Der Leutstettener Moränenzug zeigt den typischen Doppelwall mit einer peripheren Abflussrinne zwischen den beiden Wällen. Bei der Leutstettener Brücke wechseln wir auf das westliche Würmufer und fahren auf quellreichem Tertiär-Untergrund ein Stück zurück bis zum »Kapeller«. Von dort geht es steil hinauf zum Bahnhof Obermühltal. Unmittelbar westlich vom Bahnhof sind die verfestigten Altmoränen der Riß-Eiszeit am Forstweg angeschnitten. Dann wenden wir uns nach Süden Richtung Gut Rieden.

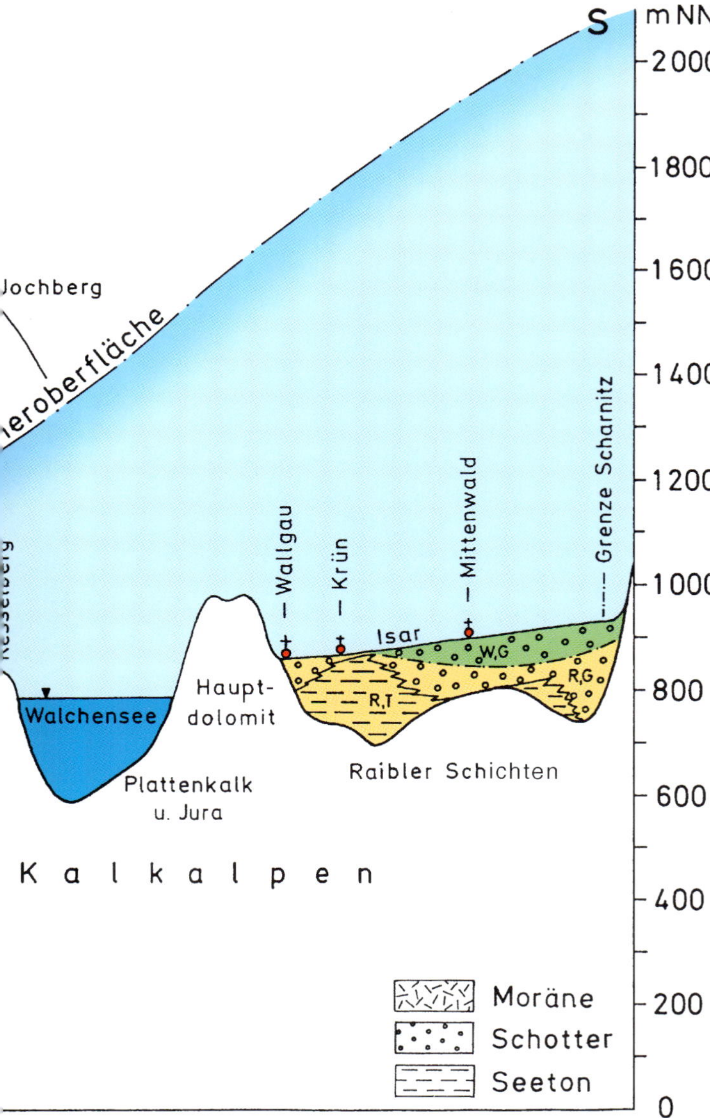

F1. Nord-Süd-Schnitt von Gauting bis Mittenwald durch die Zunge des Würm-Gletschers (die den Untergrund je nach Härte des Gesteins unterschiedlich ausgeschürft hat) und seine Ablagerungen. Die Würm-Gletscherzunge wurde durch den oberen Isar-Gletscher gespeist, der über die Hauptdolomit-Felsrippen von Wallgau und den Kesselberg ins Vorland austrat und dort im weichen Flysch das tiefe Kochelsee-Stammbecken schuf. Von ihm ging der Würmast direkt über die Faltenmolasse nach Norden zum über 100 m tiefen Starnberger Seebecken in den weichen Mergeln der Vorlandmolasse. Während die Becken von Mittenwald und Kochel schon weitgehend durch Seetone und Schotter aufgefüllt sind, hat sich der 200 m tiefe Walchensee ohne wesentlichen Zufluss vollkommen erhalten. Das Würmsee-Becken ist nur im Süden geringfügig mit Seetonen und Schottern erfüllt, noch weniger im Norden. Der Aufbau des Münsinger Molasserückens mit seiner Nagelfluh- und Moränendecke ist im Hintergrund dargestellt. Vom Doppelwall der Endmoränen bei Leutstetten geht es hinab in die Niederterrasse der Münchener Schotterebene.

Exkursion E
Exkursion F (39 km)
Exkursion G
Exkursion I
Exkursion K
Alternativen und Anschlüsse
Fußwege
Gletschertore (Auswahl)
Aufschlüsse
2 km
Geol. Karte S. 23
Anschluss rechts
Weßling
Gauting
Buchendorf
Königswiesen
Unering
Hanfeld
Hadorf
Söcking
Perchting
Starnberg
Percha
Maising
Pöcking
Aschering
Feldafing
Possenhofen
Roseninsel
Wörth
Garatshausen
Tutzing
Berg
Leoni
Farchach
Bachhausen
Aufkirchen
Kempfenhausen
Wangen
Höhenried
Bernried
Seeseiten
Seeshaupt
STARNBERGER
SEE
584 Mittlerer Wasserspiegel

F3. Der Durchbruch der Würm durch den Leutstettener Endmoränenbogen nördlich von Starnberg. – Ausschnitt aus der Geologischen Karte von Bayern 1:50 000, Blatt L7934 München (1995). Das Nordende des Würmsee-Beckens ist von Seetonen (W,T,l) aufgefüllt und mit Niedermoortorf (Hn), Übergangsmoortorf (Hü) und Hochmoortorf (Hh) bedeckt. Die Würm durchbricht den doppelten Endmoränenwall der Würm-Eiszeit (W,M; gelb mit roten Punkten) in einer tiefen Schlucht. Nach Norden gehen die Würm-Moränen in die Niederterrassenschotter (W,G2; rote Ringe) der Münchener Schotterebene über, in die die Würm nur noch schwach eingeschnitten ist. Vor den Würm-Endmoränen tauchen aus der Schotterebene noch niedrige Reste der Riß-Moränen (R,M; braun) mit ihren Hochterrassenschottern (R,G) auf, z.T. durch junge Lößlehme (,Löl) bedeckt. Im Würm-Durchbruch bei Leutstetten und südlich davon sind Reste der Deckenschotter der (?)Mindel-Eiszeit (M,G) aufgeschlossen. Ein jetzt trockengefallener großer Schmelzwasserabfluss verlief nach Nordosten über Wangen; ihm folgt heute die Autobahn. * = Findlingsblöcke. A—A' = Lage des Profils von Abb. F4.

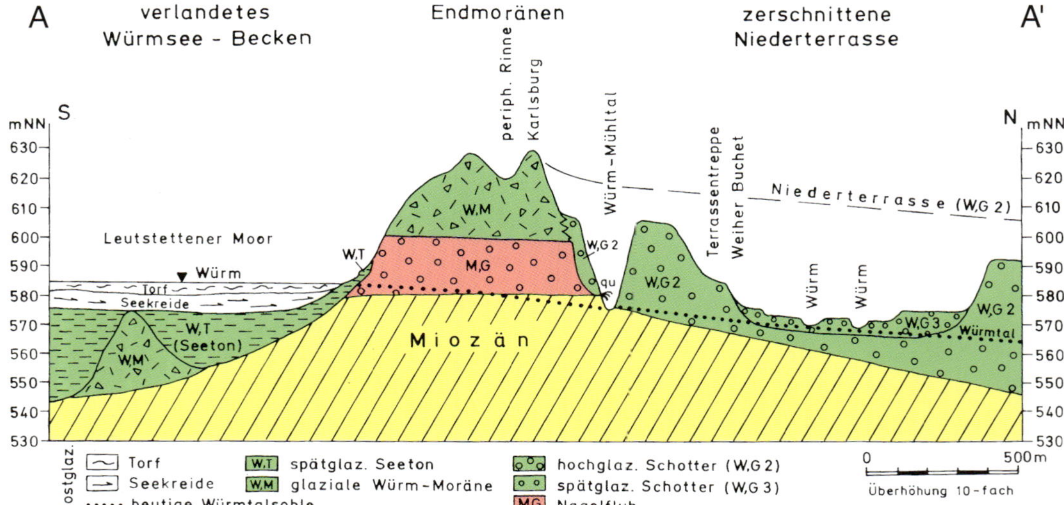

F4. Profil vom verlandeten Nordteil des Würmsee-Beckens über die Endmoränen von Leutstetten zu den Schotterterrassen an der Würm südlich Gauting.
Das Nordende des Würmsee-Beckens ist wahrscheinlich schon durch ältere Seetone teilweise verfüllt worden (mdl. Mitt. Krause); jüngerer spätglazialer Seeton und postglaziale Seekreide vollendeten hier die Auffüllung. Hinter dem Gasthaus von Leutstetten reichen die Seetone heute noch bis 605 m NN, so dass der ehemalige Seespiegel beim Rückschmelzen des Eises mindestens diese Höhe hatte. Jenseits des doppelten Endmoränenwalles (mit peripherer Abflussrinne) folgen die Schmelzwasserschotter der Niederterrasse. Sie wurden von der spätglazialen Würm beim Rückschmelzen des Eises zu schönen Terrassentreppen zerschnitten und gleichzeitig der Würm-Durchbruch durch die Endmoränen geschaffen. Eine ältere Riß/Würm-interglaziale Abflussrinne, die eventuell von der Ur-Loisach stammt, konnte von Leutstetten nach Norden nachgewiesen werden. Sie ist nach Krause (mdl. Mitt.) bis 540 m NN in tertiäre Sedimente eingetieft.

F5. Kiesgrube am Bahnwärterhaus südlich Obermühltal in eisrandnahen Schmelzwasserschottern, die oben eine horizontale Schichtung erkennen lassen.

F6. Ausblick vom Endmoränenwall bei Leutstetten (Elisabethenhöhe) über das verlandete Ende des Würmsee-Beckens (Leutstettener Moor) auf den Starnberger See mit seiner Moränenumwallung (links ehemaliges Kloster Percha) und auf die Alpenkette mit dem Einschnitt des Loisachtals in der Mitte, dahinter das Wettersteingebirge mit der Zugspitze (rechts, 2962 m).

F7. Typische Gerölle aus der Kiesgrube von Abbildung F5: neben hellen und dunklen Kalken und Dolomiten fallen bräunliche Molasse-Sandsteine, rote Jura-Radiolarite, hellgemusterte Gneise und grünliche Glimmerschiefer aus den Zentralalpen auf.

F 8. Periphere Abflussrinne um die Kirche von Gut Rieden (im Hintergrund) vor dem Endmoränenwall des Schönbergs.

F5 F7 Wir kommen an einer halbverfüllten Kiesgrube in eisrandnahen Würm-Schottern vorbei. Ein besserer Aufschluss liegt 500 m südwestlich davon an der Straße nach Hanfeld. Am Bahnwärterhaus mündet eine periphere Abflussrinne eines seitlichen Gletschertores von Südwesten her. Wir erreichen es bei der Abfahrt von Gut Rieden am Waldrand.

F 9. Bohrproben aus der Bohrung P2 an der Leutstettener Straße nördlich von Starnberg mit Kiesen (oben, bis 5,4 m) über bräunlichen schluffreichen Seetonen (unten).

F10. Westufer des Starnberger Sees mit den bewaldeten Rückzugsmoränenwällen mit Feldafing (links), Pöcking und Possenhofen (nach rechts). Davor die Roseninsel mit den deutlich erkennbaren grünen Moränenrücken unter Wasser. Ganz rechts im Hintergrund Starnberg. – Luftbild (R. HANSEN)

Richtung Starnberg kommen wir am Sportplatz an alten Nagelfluh-Gruben vorbei. Wir durchfahren Starnberg und erreichen hinter dem Bahnhof die Uferpromenade am Dampfersteg. Von hier hat man bei klarem Wetter einen herrlichen Blick über den langgestreckten Zungensee auf die Alpenkette und den Einschnitt am Kesselberg, aus dem der Haupteisstrom des Würmsee-Gletschers hervorquoll.

Wir folgen der Uferpromenade und der Seestraße nach Süden über die Eisrandterrassen von Niederpöcking bis zum Schloss Possenhofen. Dort können wir auf dem Uferweg weiterfahren. Bei Feldafing erreichen wir den Aussichtspunkt an der Roseninsel mit Blick
über den See bis zur Zugspitze. Die Roseninsel stellt einen aus dem Wasser ragenden Teil *F10*
eines langgestreckten Moränenrückens dar, der schon in prähistorischer Zeit von Menschen besiedelt worden ist (z.T. Pfahlbauten). Es geht weiter durch den Lenné-Park über
Garatshausen nach Tutzing. Von hier, noch besser von der 2,5 km südwestlich gelegenen *F11*
Ilkahöhe, hat man den umfassendsten Blick über See, Alpenvorland und Alpenkette. Am *F12*
Bahnhof Tutzing liegt ein großer Molasse-Glimmersandstein-Findling. Sehr aussichtsreich ist auch der langgestreckte Johannishügel südlich Tutzing, der früher als Os gedeutet wurde. Westlich davon, am heutigen Sportgelände, lag eine Ziegeleigrube in Tertiär-Mergeln, die zahlreiche Fossilien der Oberen Süßwassermolasse geliefert hat, unter anderem einen Waldelefanten. Wir umfahren nun das Naturschutzgebiet des Karpfenwinkels. Hier greift der See in einer Niederung weiter nach Westen aus, die harte Nagelfluh- und Tertiär-Platte unter den Rückzugsmoränen endet hier. Es beginnt nun die tiefer liegende Grund-

F11. Ausblick über den weiten Starnberger See vom Midgardhaus in Tutzing; rechts Karpfenwinkel, in der Mitte im Hintergrund Einschnitt des Kesselberges zwischen Jochberg (1565 m) und Herzogstand/Heimgarten (1731/1790 m), dahinter das Karwendelgebirge (bis 2746 m, Birkkarspitze).

F12. Blick von der Ilkahöhe (728 m) über Starnberger See (mit Karpfenwinkel) zur Alpenkette mit dem Einschnitt des Isartals. – Foto: R. Hansen.

F13. Blick über Seeseiten am Südwestende des Starnberger Sees auf die Alpenkette mit dem Einschnitt des Loisachtals vor dem Wettersteingebirge mit der Zugspitze, links Heimgarten. Im Vordergrund die letzten Ausläufer der Bernrieder Moräne, die nach hinten in das bewaldete Eberfinger Drumlinfeld übergeht. Von Seeseiten nach links Richtung Seeshaupt liegt die wiesenbedeckte Seeshaupter Schotterterrasse (vor dem Waldgraben die kleine Kiesgrube von Abb. F14). – Luftbild: R. Hansen.

moränenlandschaft mit dem Eberfinger Drumlinfeld. Richtung Bernried überqueren wir F10
einen letzten Nord-Süd verlaufenden Rückzugsmoränenwall und erreichen die schönste
Seestrecke durch den Bernrieder Schlosspark. In Seeshaupt stehen wir am Südende des
Sees auf einer breiten Schotterterrasse, die mit gerader Linie zum See abfällt und daher als
Eisrandterrasse am großen Toteiskörper im Starnberger See gedeutet wird. Sie soll durch
die Ur-Loisach von Antdorf her geschüttet worden sein. Aufgeschlossen ist sie in einer
kleinen Grube an der Umgehungsstraße 2,2 km nordwestlich Seeshaupt und in den großen F14
Kiesgruben südlich des Bahnhofs. Dieser Zufluss der Ur-Loisach existierte jedoch nur kurz, F17
solange das Kochelsee-Becken noch mit Eis gefüllt war. Nach dessen Abschmelzen wurde
die Loisach durch den Riegel der Murnauer Faltenmolasse ins tiefere Kochelsee-Becken
abgelenkt. Dadurch blieb der Starnberger See als einziges Zungenbecken fast vollständig
erhalten. Nur ein kleines Gebiet im Süden (Weidfilz) und Norden (Leutstettener Moor) F15 F16
ist verlandet.

Wer nach Starnberg zurückkehren möchte, kann das über die schon in Exkursion E beschriebene Ostuferstraße tun oder bequemer auf dem Schiff den See genießen und die bewaldeten Moränenumrandung überblicken. Wir setzen jedoch unsere große Rundtour nach Süden fort.

F14. Kiesgrube nordwestlich Seeshaupt mit schräggeschichteten Deltaschottern der Seeshaupter Terrasse.

F15. Blick von Südosten auf das vermoorte Südende des Würmsee-Beckens mit dem Weidfilz. Im Vordergrund Golfplatz Obereurach auf Oberer Süßwassermolasse mit Rückzugsmoränendecke. An der Untergrenze des Bildes war in einer Grube der Nordrand der Faltenmolasse erschlossen. – Luftbild: R. HANSEN.

F16. Das Weidfilz auf den Seetonen des verlandeten südlichsten Würmsee-Beckens wurde lange Jahre durch das Torfwerk Staltach abgebaut. Im Hintergrund die Osterseen vor dem bewaldeten Eberfinger Drumlinfeld. – Luftbild: R. Hansen.

F17. Kiesgrube Fichtl südlich des Bahnhofs von Seeshaupt in eisrandnahen Deltaschottern mit eingelagerten ockergelben Moränenresten. – Foto: H. Jerz.

Exkursion G: Von der Eiszerfallslandschaft der Osterseen die Ur-Loisach aufwärts zum Murnauer Moos

(Routenkarte nebenstehend, geologische Karten S. 34, 35 u. 42)

G1 Wir beginnen unsere interessante Fahrt durch die Eiszerfallslandschaft der Osterseen in
G9 Seeshaupt. Weit geht der Blick von den Eisrandterrassen über die mit kleinen Bächen
verbundenen Toteis-Seen dem Gebirge entgegen. Wir halten uns am Westrand der Seebe-
G10 cken mit ihren im Frühsommer weißen Wollgras-Hochmooren, die in Niedermoore und
Schilfsümpfe bis zu offenen Wasserflächen übergehen. Wo der Weg auf die Straße nach
Penzberg trifft, tritt am Lustsee eine kräftige kalte Quelle auf Seetonen aus. Westlich vom
Lustsee liegen mehrere N-S verlaufende, schmale Schotterrücken, die Rothpletz als Oser
ansprach, die jetzt aber als offene Eisspaltenfüllungen gedeutet werden. Die Kiesgrube
F17 Fichtel nordwestlich der Bahn erschloss eisrandnahe Deltaschotter und Schmelzwasser-
sande mit eingelagerten Moränenresten, die z. T. durch ausgeschmolzenes Toteis gesackt
waren (siehe Dreesbach 1985). Diese kristallinarmen Schotter von Seeshaupt stammen
wahrscheinlich aus der noch bis hierher reichenden Gletscherstirn. Wir queren Straße und
Bahn, kommen Richtung Unterlauterbach an Streuwiesen mit Mehlprimeln und Enzian
am Großen Ostersee vorbei und fahren über die Moränenhöhen Richtung Iffeldorf.

G1. Blick über Seeshaupt auf der Ur-Loisach-Terrasse nach Süden über die Osterseen zum Loisachtal-Einschnitt mit Wettersteingebirge dahinter. Links Heimgarten (1790 m), davor der flache bewaldete Höhenrücken der Faltenmolasse von Murnau (bis 791 m, Aidlinger Höhe). Rechts Labergebirge (1686 m). – Luftbild R. Hansen.

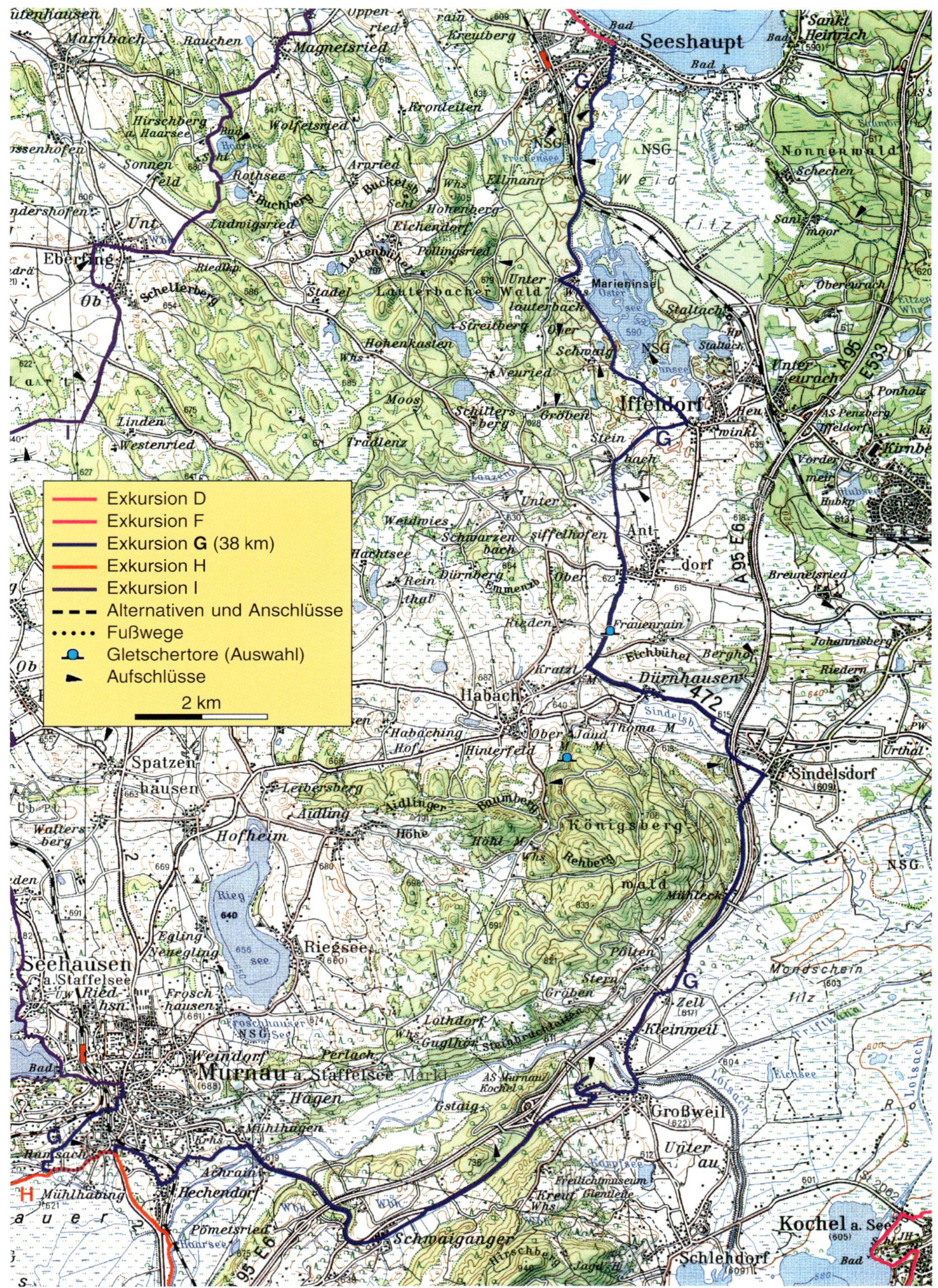
Exkursion D
Exkursion F
Exkursion G (38 km)
Exkursion H
Exkursion I
Alternativen und Anschlüsse
Fußwege
Gletschertore (Auswahl)
Aufschlüsse
2 km
Seeshaupt
Magnetsried
Marnbach
Rauchen
Kronleiten
Hirschberg a. Haarsee
Wolfetsried
Rothsee
Buchberg
Ludwigsried
Arnried
Hohenberg
Eichendorf
Pöllingsried
Ellmann
Eberfing
Schellerberg
Stadel
Lauterbacher Wald
Unterlauterbach
Marieninsel
Osterseen
Stallach
Streitberg
Hohenkasten
Neuried
Schwaig
Iffeldorf
Moos
Schiltersberg
Gröben
Steinbach
Linden
Westenried
Tradlenz
Weidwies
Schwarzenbach
Unter
Siffelhofen
Antdorf
Rein thal
Dürnberg
Emmenau
Ober
Rieden
Frauenrain
Eichbühel
Berghof
Kratzl
Dürnhausen
Habach
Habaching
Hinterfeld
Oberjaud
Thoma M
Sindelsdorf
Spatzenhausen
Leibersberg
Aidling
Aidlinger Höhe
Baumberg
Königsberg
Rehberg
Hofheim
Riegsee
Egling
Neuegling
Seehausen a. Staffelsee
Froschhausen
Froschhauser See
Murnau a. Staffelsee Markt
Weindorf
Perlach
Hagen
Mühlhagen
Lothdorf
Guglhör
Pölten
Stern
Gröben
Zell
Kleinweil
Großweil
Unterau
Kochel a. See
Schlehdorf
Schwaiganger
Achrain
Hechendorf
Pömetsried
Mühlhabing
Hirschberg
Freilichtmuseum Glentleite
Kreut
Mondschein
Eichsee
Loisach
Triftkanal
Sankt Heinrich
Nonnenwald
Schechen
Sanktmoor
Oberbeurach
Untereurach
Ponholz
AS Penzberg Iffeldorf
Heuwinkl
Vordermeir
Hubkapelle
Breunetsried
Johannisberg
Riedern
Urthal
NSG
A 95 E 6
E 533
472

An der Zufahrt nach Schwaig liegt ein alter Steinbruch in steilstehenden, groben, muschel-
reichen Kalksandsteinen der Oberen Meeresmolasse, auf denen Zittel (1874) Gletscher-
schliffe beobachtete. Am Ende des großen Ostersees fahren wir 500 m Richtung Staltach
G11 auf den Rücken zum Fohnsee und stoßen dort auf die sog. Blaue Gumpe, einen Quelltopf
mit kaltem, kalkreichen Wasser aus dem Faltenmolasse-Untergrund.

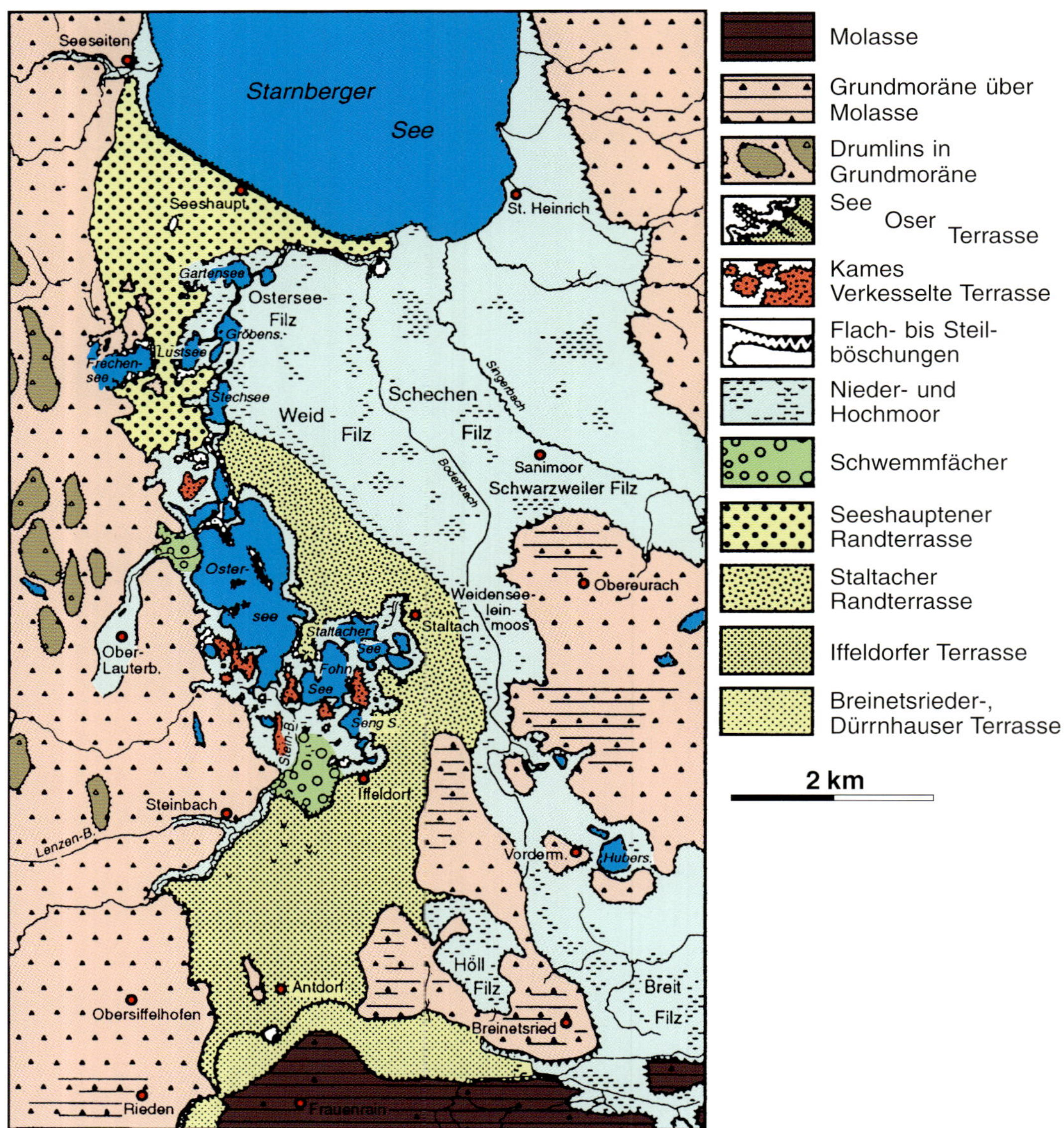

G3. Die Toteisfluren des Ostersee-Gebiets, eingesenkt in die Ur-Loisach-Terrasse zwischen dem Eberfinger Drumlinfeld im Westen und dem Weidfilz im Osten. Während die Seeshaupter Terrasse vom bis an die Osterseen reichenden Isar-Gletscher stammt, ist die Staltach-Iffeldorfer Terrasse von der Ur-Loisach aus dem Höhlmühlgraben südlich Habach geschüttet worden. – Nach Gareis *1978.*

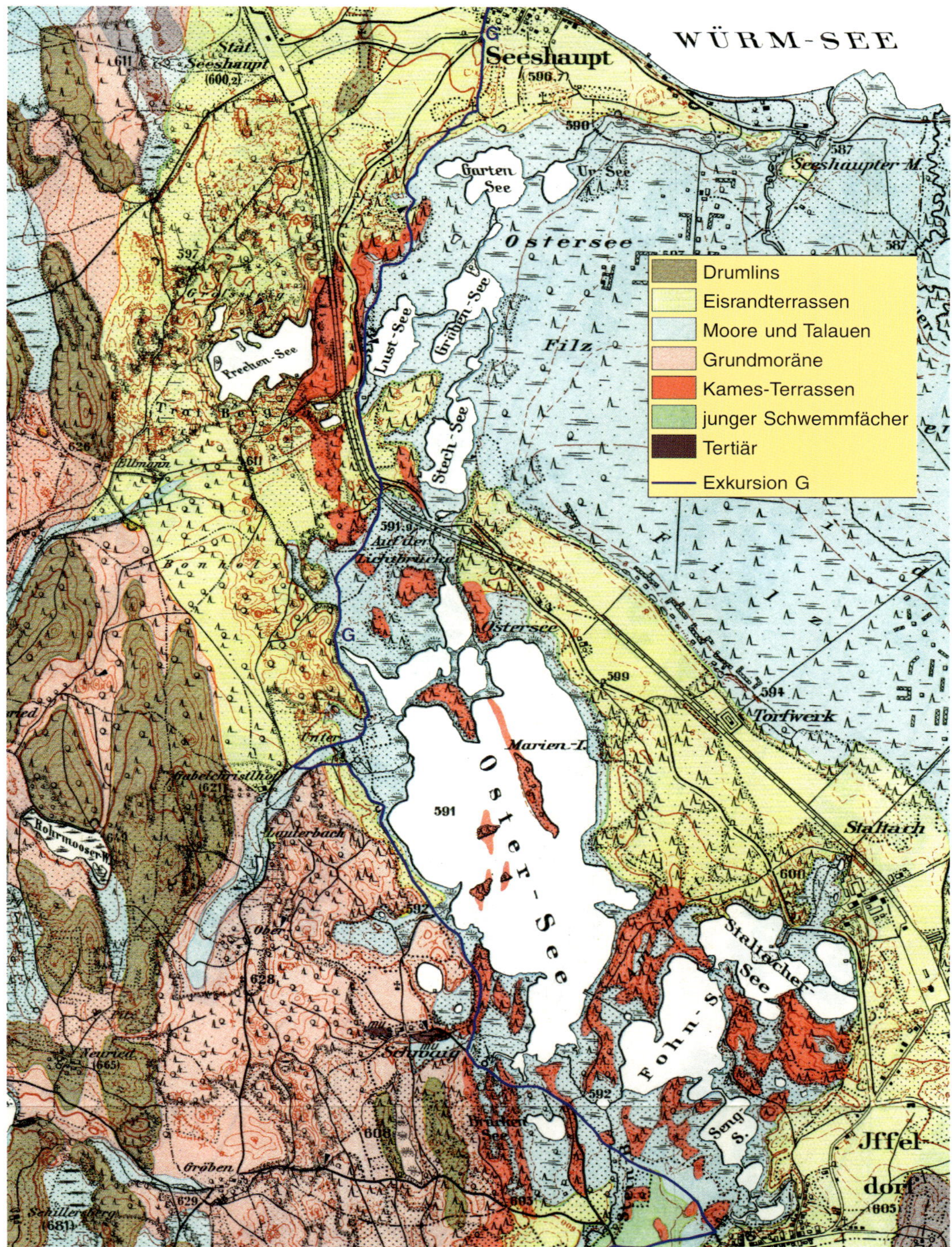

G4. Geologische Karte 1:25 000 der Osterseen (etwas verkleinert) mit Exkursionsroute und Aufschlüssen. – Nach ROTHPLETZ *1917.*

G5. Der Große Ostersee mit seinen einzelnen Toteiskesseln und dem langgestreckten Marieninsel-Os in der Mitte, eingesenkt in die Staltacher Terrasse; im Vordergrund die Blaue Gumpe. Dahinter der Starnberger See mit dem Weidfilz. – Luftbild: R. Hansen.

G6. Die von Toteis-Seen durchlöcherte Staltacher und Iffeldorfer Schotterplatte; im Vordergrund Iffeldorf, Staltach rechts hinten. Während die flachen, südlichen Moorseen violettblau erscheinen, zeigt der kalkreiche Große Ostersee (im Hintergrund) eine hellblaue Farbe. – Luftbild: R. Hansen.

G7. Die abschmelzende Würmsee-Gletscherzunge von Süden gesehen. Im Vordergrund liegt der stark zerfurchte Gletscher, über den die Gletscherbäche hinwegfließen und in Spalten Kiesrücken absetzen (Mariensteiner Os). Vom Eisrand strömen die Schmelzwässer nach Norden und schütten die Seeshaupter Terrasse vor der Wand des Würmsee-Toteisblocks auf. Links ältere Terrassenreste (bräunlich) mit Toteiskesseln im Bereich des Frechensees, dahinter Rückzugsmoränenzug von Bernried. Rechts der Münsinger Höhenrücken mit Moränenwällen auf Tertiärsockel. – Zeichnung von L. Feldmann.

G8. Der Große Ostersee mit Blick auf Benediktenwand. – Aquarell von D. Herm.

G9. Start zur Ostersee-Tour am Gartensee südlich Seeshaupt.

G10. Wollgras auf vermoorten Flächen um den Gröbensee.

G11. Die Blaue Gumpe, ein Quelltopf am Südrand des Großen Ostersees. Aus ihm dringt kalkreiches Wasser von der Faltenmolasse auf.

G12. Blick von den Kames-Terrassen am Sengsee über Iffeldorf zur Benediktenwand (links).

G13. Buckelwiesen am Rand der Kames-Terrassen am Fohnsee nördlich von Iffeldorf. – Foto: TH. SCHAUER.

G14. Eisrandnahe, kristallinreiche, grobe Schotter der Ur-Loisach im Kieswerk südwestlich von Iffeldorf.

Vorbei an Iffeldorf mit seiner schönen Lage auf der Eisrandterrasse biegen wir nach Westen ab und erreichen südlich Steinbach die großen Kiesgruben in den groben, eisrandnahen Schottern der Ur-Loisach. Von dort geht es auf der ebenen Terrasse nach Süden gegen Antdorf mit schönem Blick auf den Kesselberg und die Benediktenwand. Hier zweigt nach Osten ein Trockental Richtung Penzberg ab, in das die Ur-Loisach nach Abschmelzen des *G12* *G14*

G15. Große Moränenblöcke am Südostrand von Gröben. Im Hintergrund verfestigte, sehr grobe und schlecht sortierte Schotter.

G16. Riesenfindling (102 t) aus hellgrauem Wettersteinkalk in einer Kiesgrube bei Habach nordöstlich Murnau (heute vor dem ehemaligen Bayerischen Geologischen Landesamt in München; vgl. Abb. A1 in Bd. 8); unten Moräne, oben Schotter. – Aus Jerz *1993a.*

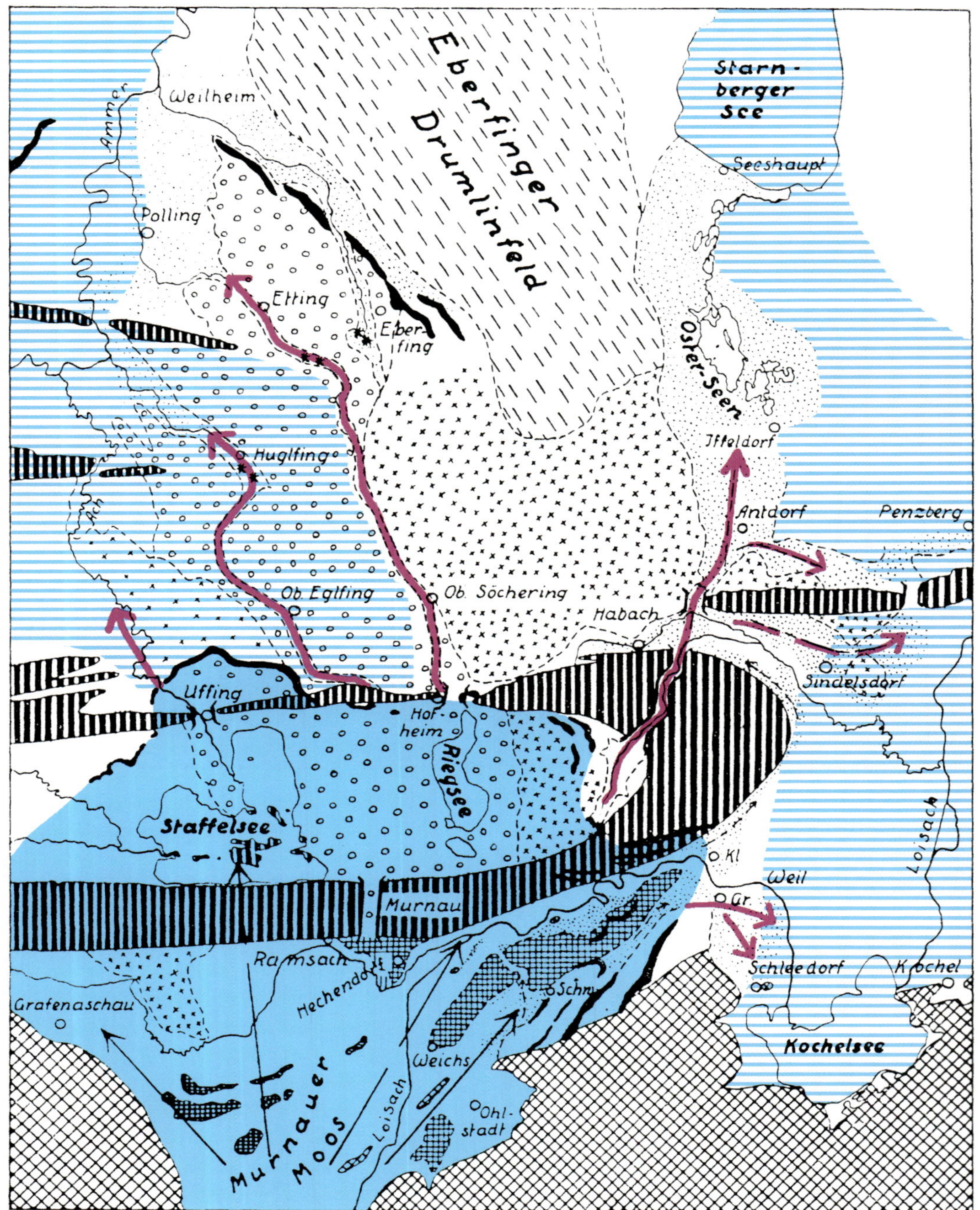

G17. Geologisches Kärtchen des Loisach-Vorlandgletschers (blau) mit seinen Rückzugsmoränen von Weilheim und Uffing. Östlich des Riegsees setzt innerhalb des Faltenmolassebogens am Uffinger Rückzugsgletscher die Schmelzwasserrinne der Ur-Loisach an, die die Iffeldorfer Terrasse aufgeschüttet hat (violette Pfeile). Der kristallinarme nördliche Abschnitt von Seeshaupt stammt

Gletschers im Wolfratshausener Becken nördlich der Penzberger Faltenmolasserippe abbog. Südlich von Antdorf verengt sich das Schottertal im Bereich der Molasse. Zwischen kleinen Resten von Rückzugsmoränen lag hier wahrscheinlich ein Gletschertor, von dem aus die Iffeldorfer Terrasse geschüttet sein könnte (mdl. Mitt. Jerz). Südlich davon zweigt ein weiteres von der Ur-Loisach benütztes Tal nach Osten Richtung Sindelsdorf ab, dem wir über Dürnhausen folgen. Dieses Tal liegt in den weichen Rupel-Tonmergeln zwischen den harten Sandstein- und Konglomerat-Rücken der Faltenmolasse im Norden und Süden. Die Ur-Loisach durchbrach die Faltenmolasse im Süden in der Höhlmühlschlucht; dort lag das Gletschertor des Uffinger Rückzugsstadiums. Im Dürnhausener Tal selbst sind die Tonmergel von Eisrand-Terrassenschottern mit Toteiskesseln bedeckt; sie beweisen, dass das Eis im Kochelsee-Becken langsam abschmolz und den neuen Weg für die Ur-Loisach nach Osten freigab (große Kiesgrube an der Autobahn).

Westlich von Sindelsdorf sind in einer alten Schottergrube (Schießstätte westl. der Autobahn) die steil nach Norden einfallenden Schotter am Nordrand des »Sindelsdorfer Os« zu sehen. Wir umfahren nun den Bogen aus Molassesandsteinen, die im Einschnitt der Autobahn nördlich davon senkrecht stehend erschlossen sind, gegen Großweil. Weit schweift der Blick über das Kochelsee-Moor zum Kesselberg mit den Schliffschultern an G18
Jochberg und Herzogstand.

◁ *wahrscheinlich schon vom Isar-Gletscher, der während des Weilheimer Halts noch bis an die Osterseen gereicht hat. Nach Abschmelzen des Toteises (blaue Streifen) im Kochelsee-Becken floss die Ur-Loisach über verschiedene Zwischenstadien schließlich dorthin. – Nach Troll 1937.*

Präquartärer Felsuntergrund:

Kalk- und Flyschgebirge

Helvetische Kreide

Molasserippen

Landschaftselemente glazialer Entstehung:

Riss-Würm-interglaziale Sockel zwischen den Zweigfurchen des Murnauer Stammbeckens

Grundmoränenlandschaft

Murnauer Schotterfeld mit würmzeitlichem Moränenschleier

Würm-Endmoränen

Eberfinger Drumlinfeld

Spätwürmzeitliche Rückzugsschotter

Erosionslücken in den Molasserippen, meist verlassene alte Taldurchgänge

Umrandung der vorquartären Bauelemente

Umrandung der quartären Landschaftselemente

Zweigfurchen des Murnauer Stammbeckens

Abdachungsrichtung der Rückzugsschotter

Grundwasseraustritte in den Trockentälern der Murnauer Schotterplatte

G18. Blick von Sindelsdorf über das Kochelsee-Moor zum Kesselberg (Passhöhe 850 m). Links am Jochberg (1565 m) und rechts am Herzogstand (1731 m) erkennt man deutlich eine Hangverflachung in 1200 m Höhe, welche die Schliffgrenze des Eisstroms markiert.

G19. Profil am Südrand des Loisach-Durchbruches östlich Murnau zwischen Molasse im Norden und Flyschbergen im Süden. – Nach DOBEN & FRANK *1983.*

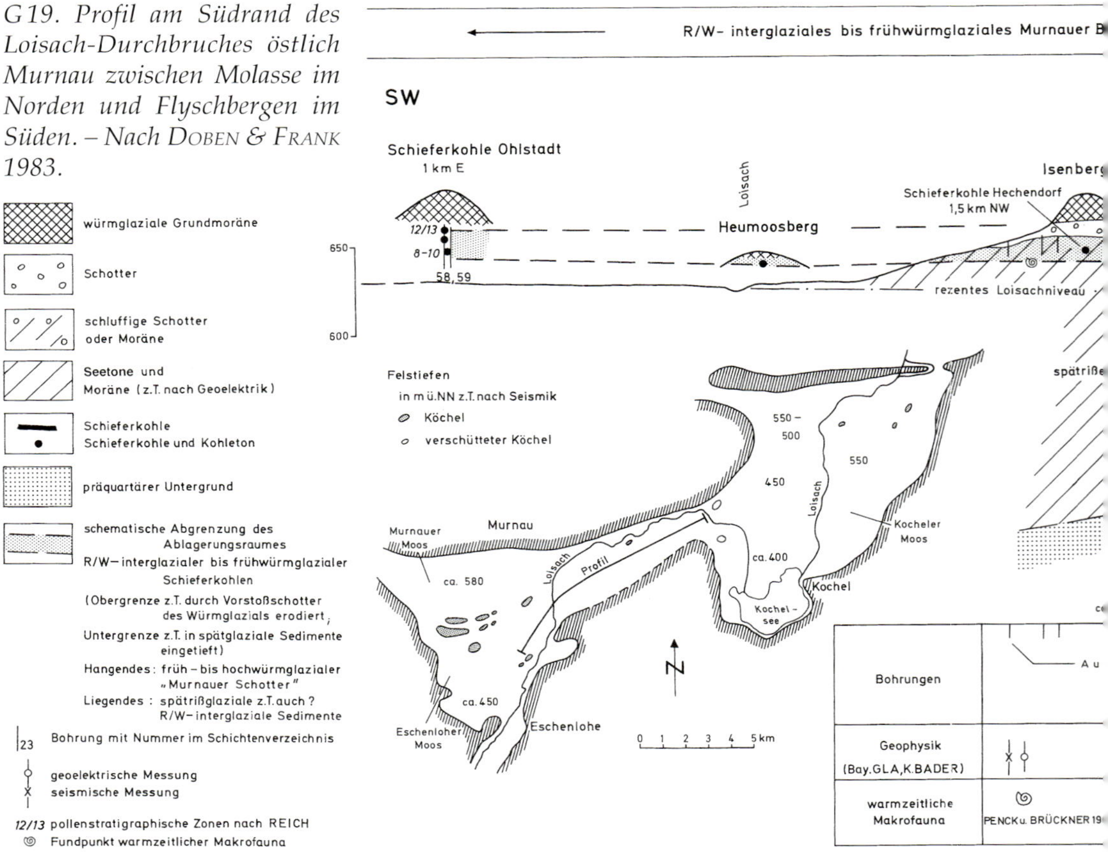

würmglaziale Grundmoräne
Schotter
schluffige Schotter oder Moräne
Seetone und Moräne (z.T. nach Geoelektrik)
Schieferkohle
Schieferkohle und Kohleton
präquartärer Untergrund
schematische Abgrenzung des Ablagerungsraumes R/W–interglazialer bis frühwürmglazialer Schieferkohlen
(Obergrenze z.T. durch Vorstoßschotter des Würmglazials erodiert;
Untergrenze z.T. in spätglaziale Sedimente eingetieft)
Hangendes: früh- bis hochwürmglazialer „Murnauer Schotter"
Liegendes: spätrißglaziale z.T. auch ? R/W–interglaziale Sedimente
23 Bohrung mit Nummer im Schichtenverzeichnis
geoelektrische Messung
seismische Messung
12/13 pollenstratigraphische Zonen nach REICH
Fundpunkt warmzeitlicher Makrofauna

R/W- interglaziales bis frühwürmglaziales Murnauer
SW
Schieferkohle Ohlstadt 1 km E
Loisach
Schieferkohle Hechendorf 1,5 km NW
Heumoosberg
650
600
12/13
8-10
58,59
rezentes Loisachniveau
Felstiefen in m ü.NN z.T. nach Seismik
Köchel
verschütteter Köchel
550 - 500
550
450
ca. 400
ca. 580
ca. 450
Murnauer Moos
Murnau
Profil
Kocheler Moos
Kochel
Kochel-see
Eschenloher Moos
Eschenlohe
N
0 1 2 3 4 5 km

Bohrungen	
Geophysik (Bay.GLA, K.BADER)	
warmzeitliche Makrofauna	PENCK u. BRÜCKNER 19

G20. Schieferkohletagebau Großweil um 1928, oben frühwürmzeitliche Schotter (Foto: J. KNAUER). Rechts daneben Schieferkohle aus dem Riß/Würm-Interglazial von Großweil.

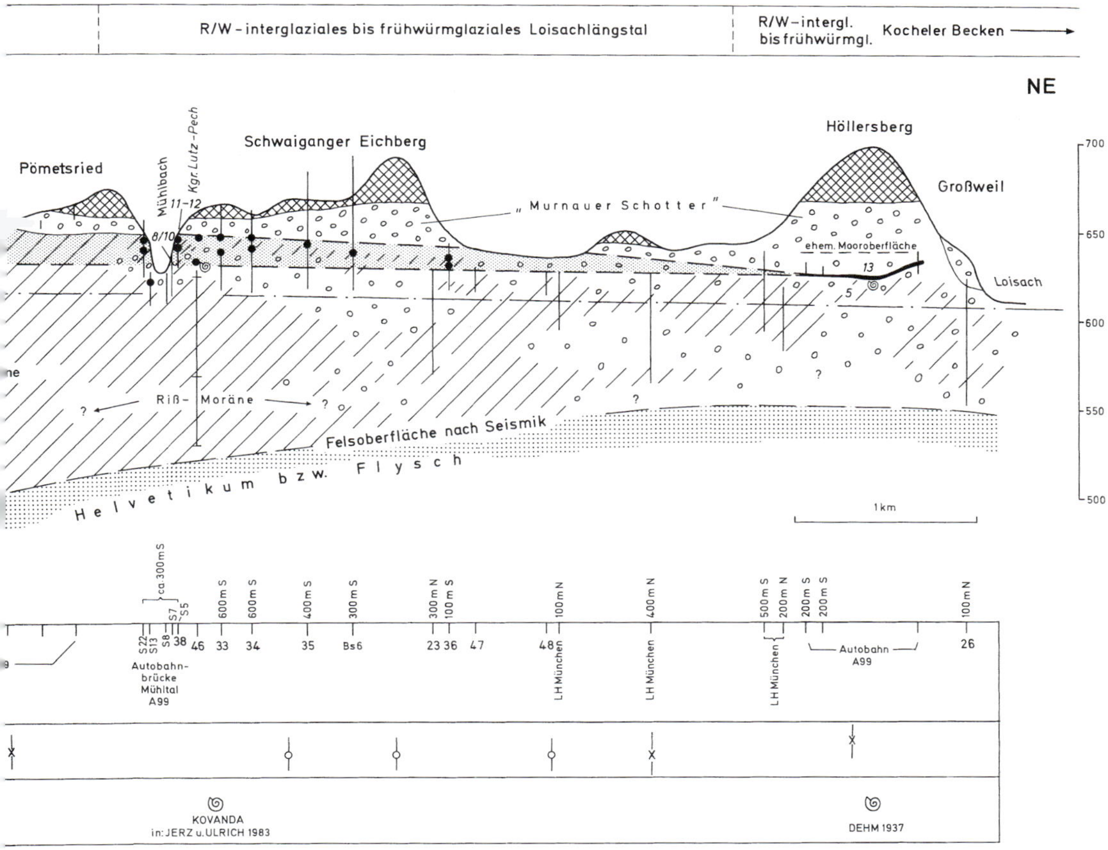

R/W - interglaziales bis frühwürmglaziales Loisachlängstal

R/W - intergl. bis frühwürmgl.

Kocheler Becken →

NE

Pömetsried

Mühlbach

Kgr. Lutz-Pech

11–12

8/10

Schwaiganger Eichberg

„ Murnauer Schotter "

Höllersberg

Großweil

ehem. Mooroberfläche

13

5

Loisach

Riß - Moräne

Felsoberfläche nach Seismik

Helvetikum bzw. Flysch

700

650

600

550

500

1 km

ca. 300 m S

600 m S

600 m S

400 m S

300 m S

300 m N

100 m S

100 m N

400 m N

500 m S

200 m N

200 m S

200 m S

100 m N

S22 S13 S8 S7 S5 38 46 33 34 35 Bs6 23 36 47 48 26

Autobahn-brücke Mühltal A99

LH München

LH München

LH München

Autobahn A99

KOVANDA in: JERZ u. ULRICH 1983

DEHM 1937

G21. Kiesgrube Gstaig 2 km südwestlich Großweil in groben Vorstoßschottern vor dem vorrückenden würmzeitlichen Gletscher. Unter geringmächtiger heller Grundmoräne sind 30 m Schotter erschlossen, die unten z. T. verfestigt sind und Feinsandsteinrinnen mit Strömungsmarken an der Basis enthalten. Diese unteren frühglazialen, schräggeschichteten Flussschotter sind im Gegensatz zu den überlagernden groben Vorstoßschottern arm an Kristallingeröllen. Unter der Grube folgen 1 m Schieferkohle und 8 m fluviatile Schotter bis zur Riß-Grundmoräne (s. Dreesbach 1986).

Dann streben wir dem heutigen Loisachtal in Großweil zu, das sich nach dem vollständigen Abschmelzen des Kochelsee-Eises herausbildete. Dabei hat die Loisach einen breiten Schuttkegel bis Schlehdorf weit in das Becken hineingeschüttet. Am Westrand
G20 von Großweil liegt der alte Schieferkohle-Abbau in Riß/Würm-interglazialen und frühwürmglazialen Serien. Die Pflanzenreste in den etwa 3 m mächtigen Schieferkohlen sind durch den Eisdruck des würmzeitlichen Gletschers auf ⅕ zusammengepresst und daher z. T. nur schwer zu erkennen. Durch Pollenuntersuchungen lässt sich jedoch die damalige Vegetation ermitteln (vor ca. 50 000 Jahren). Die liegenden Tone enthalten Pollen eines spätglazialen lichten Kiefern-Birken-Waldes, die Kohle darüber den eines Fichten-Tannen-Erlen-Waldes mit wärmeliebenden Arten wie Hainbuche, Eibe, Stechpalme und Efeu (Peschke 1983). In den hangenden Kohlen lässt sich nach Reich 1953 der Übergang zu wieder kühleren Kiefernwäldern des Frühwürms beobachten.

Wir fahren nun entlang der Straße Richtung Murnau und treffen 2 km südwestlich Groß-
G21 weil an der Autobahn auf eine große Kiesgrube mit würmzeitlichen Vorstoßschottern
G22 G23 auf schräggeschichteten, frühwürmzeitlichen Flussschottern und Schieferkohle unter der Grubensohle. Hinter Schwaiganger queren wir den Glazialrücken durch die Mühlbachschlucht mit rißzeitlichen Seetonen (oben Schieferkohlen), die von Vorstoßschottern und Würm-Moränen überlagert werden. Wir überqueren die Loisach, fahren am Südrand der Faltenmolasse nach Westen, an Murnau vorbei zur Einkehr und Kapelle Ähndl in Ramsach.

G22. Metergroße Blöcke aus weißem Wettersteinkalk, feingeschichtetem Sandstein (vorne) und bräunlich verwittertem Gneis (rechts) aus den groben Vorstoßschottern in der Grube südwestlich Großweil.

G23. Strömungsmarken an der Unterseite der Feinsandsteinrinnen in Vorstoßschottern der Grube südwestlich Großweil.

G25 Von hier blickt man über das weite Murnauer Moor, aus dem die vom Eis polierten »Kalkkögel« (Kreide-Grünsandstein und Schrattenkalk des Helvetikums) herausragen, in das enge, vom Gletscher übertiefte U-Tal der Loisach zur Zugspitze. Hier, am Alpentor, liegt das fast 200 m tiefe Stammbecken des Ammersee-Gletschers. Aufschlüsse in den steilstehenden Bau-Sandsteinen der Faltenmolasse sind in der Lourdes-Grotte-Schlucht nordöstlich von Ramsach angeschnitten. Eine schöne Eichenallee führt von dort am Münter-Haus vorbei zum Markt Murnau.

G24. Blick über die Moorwiesen südlich Uffing (mit Trollblumen, Orchideen und blauer Sibirischer Schwertlilie) und den Staffelsee. Dahinter die Flyschberge bei Kohlgrub mit dem jungen Rutsch am Rißberg.

G25. Blick über das Murnauer Moor in das steile, vom Gletscher übertiefte U-Tal der Loisach zur Zugspitze. In Talmitte der vom Gletscher polierte Rundhöcker (Auerberg) bei Eschenlohe.

Exkursion H: Auf den Spuren des Loisach-Gletschers von Murnau bis zur Zugspitze und durch den Ammergau zurück

(Routenkarte nächste Seite, geologische Karte S. 52/53)

Diese Exkursion bringt den landschaftlichen Höhepunkt und führt am weitesten in das Alpengebirge hinein, bis zu den letzten noch erhaltenen Gletscherresten an der Zugspitze. Loisach- und Ammer-Gletscher haben weite U-Täler in die mächtigen Stöcke von Wetterstein-, Ester- und Ammergebirge geschnitten. Dadurch sind überhaupt Durchlässe durch dieses wilde Hochgebirge geschaffen worden, die heute sogar bequem mit dem Rad befahrbar sind.

Wir beginnen in Murnau, das auf dem Kamm der Faltenmolasse liegt. Der Radweg *H1*
folgt zunächst der B2 nach Süden. An der Bahnunterführung am Südausgang stehen die Konglomerate der Unteren Bunten Molasse an, die in die feinen Baustein-Schichten übergehen. Bei der Abfahrt bietet sich ein herrlicher Blick über das Murnauer Moor mit den sog. Kalkkögeln hinein ins wilde Loisachtal zum Wettersteinmassiv mit der Zugspitze. Das tiefe Loisachtal konnte sich an einer großen Störungszone entwickeln, deren

H1. Blick von den Flyschbergen nordöstlich Oberammergau über das Murnauer Moor (mit dem bewaldeten Rückzugsmoränenrücken des Uffinger Stadiums) auf den Faltenmolassegürtel um den Staffelsee (rechts Murnau). – Foto: TH. SCHAUER.

Saulgrub
Bad Kohlgrub
Westried
Grafenaschau
Altenau
Unterammergau
Oberammergau
Sankt Gregor
Graswang
Ettal
Oberau
Farchant
Mühldörfl
Burgrain
Garmisch-
Partenkirchen
Grainau
Breitenau
Kienjoch
Schwaigen
Ebenwald
Schönleiten

östlicher Flügel weit nach Norden verschoben ist. Hier reichen die Kalkalpen mit dem Heimgarten-Herzogstand fast bis Ohlstadt, während westlich der Störung sie erst mit dem Ettaler Mandl und Laberberg einsetzen; davor liegen dort noch die bewaldeten Flyschberge (Hörnle und Aufacker) mit ihren großen Rutschhängen. Diese weichen Flyschmergel sind im Murnauer Becken durch den Loisach-Gletscher über 200 m tief ausgeräumt und später durch Seetone verfüllt worden. Sie bilden den stauenden Untergrund des Moores.

Ab der Brücke über die Ramsach führt der Radweg direkt an der Loisach entlang. Die Ramsach mit ihren Nebenbächen entwässert eines der größten noch erhaltenen westdeutschen Moorgebiete. Ihr braunes Moorwasser unterscheidet sich von den milchig-grünen Gletscherwässern der Loisach. Es geht nun am Schilfgürtel im Osten des Murnauer Moores entlang, gelegentlich unterbrochen von den etwas weniger feuchten Streuwiesen mit ihrer Blütenpracht von Stengellosem Enzian, Mehlprimeln und Knabenkraut im Frühjahr. Diese Streuwiesen und Schilfgürtel werden nur einmal im Jahr gemäht und zu den hohen Moosmandln zum Trocknen aufgeschichtet. Unterbleibt die Mahd der Streuwiesen, so verlieren sie ihre Blütenpracht und es siedeln sich wieder Riedgräser und Schilf an.

Ein kleines Sträßchen führt uns nach Ohlstadt, das auf den großen Schuttkegeln der Kaltwasser- und Wetzsteinlaine liegt. Die Kaltwasserlaine erschließt an einem kleinen Wasserfall geringmächtige Partnach-Schichten, Wettersteinkalk und Hauptdolomit. Darüber sind die Kreide-Tonmergel ausgeräumt; eingelagerte Breccien aus Hauptdolomit bilden hohe Wände am Illingstein; sie sind vor ca. 90 Mill. Jahren von der anrückenden Deckenfront der Kalkalpen in das Kreide-Meeresbecken eingerutscht. 1,5 km nordöstlich von Ohlstadt liegen an einem Wasserfall die Wetzsteinbrüche in den Radiolariten des Oberjuras.

H3. Geologische Karte zwischen Staffelsee und Wettersteinmassiv. Ausschnitt aus der GK 200, Blatt CC 8726 Kempten. Der Ausschnitt reicht von der gefalteten Molasse um den Staffelsee (Murnauer Mulde) über die weichen Flyschberge beiderseits Unterammergau bis in die Kalkalpen. Diese gliedern sich wiederum in mehrere weit von Süden her überschobene Decken. Zuunterst liegt die vor allem von Jura und Kreide aufgebaute Allgäu-Decke (bei Oberammergau). Nach Süden schließt sich die Lechtal-Decke an mit dem Jura-Muldenzug im Bereich der oberen Ammer (Ettal-Linderhof), dem gegliederten Hauptdolomit-Gewölbe bis Garmisch (Estergebirge östlich der Loisach, Notkarspitze und Kramer westlich davon) und dem Wettersteinmassiv im Süden, das herausgepresst und überschoben ist.

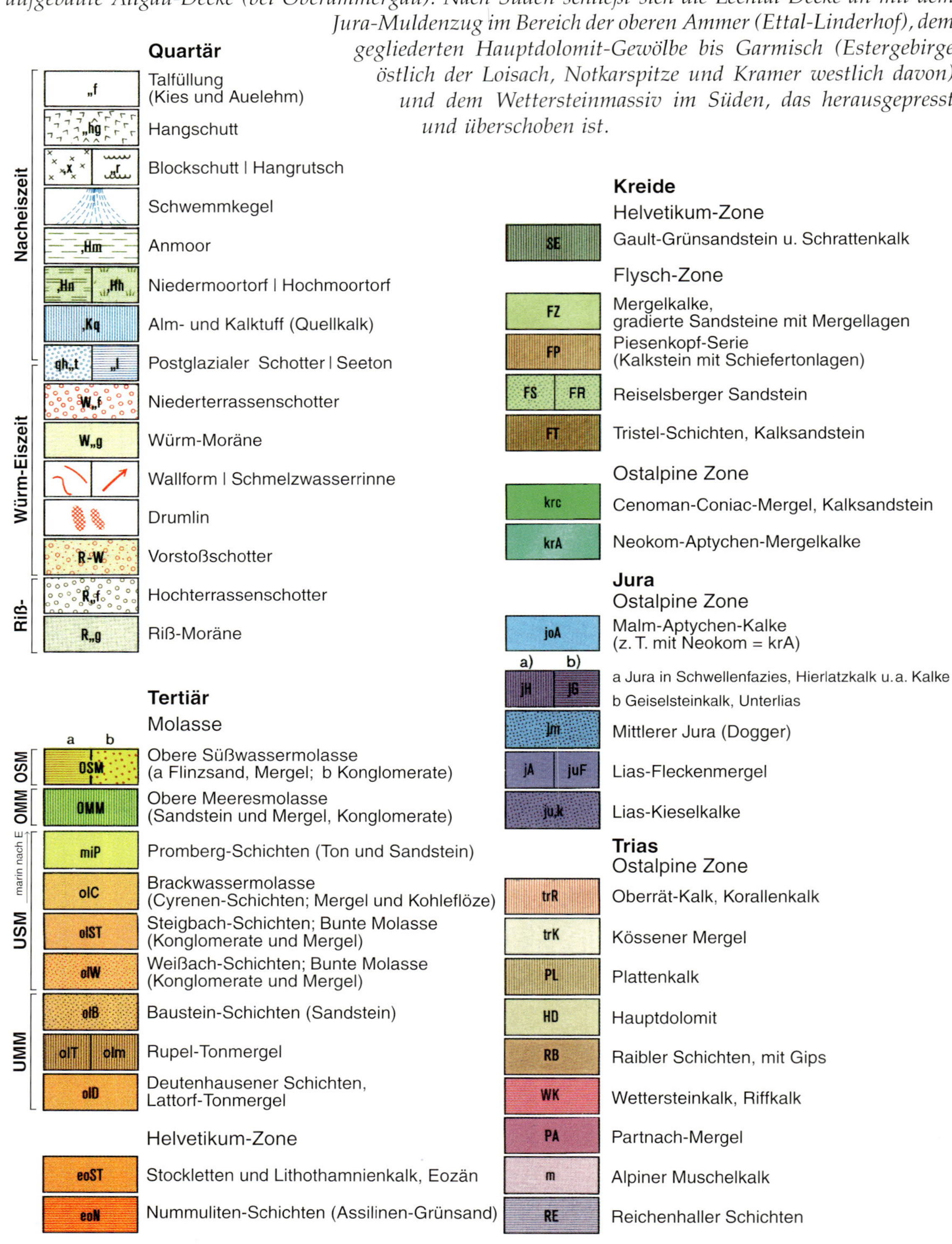

Böbing
Rottenbuch
Schönberg
Wildsteig
Bayersoien
Saulgrub
Bad Kohlgrub
Uffing
Seehausen
a. Staffelsee
Staffelsee
Eglfing
Antdorf
Habach
Aidling
Riegsee
Murnau
Murnauer Moos
Unterammergau
Oberammergau
Oberau
Farchant
Wallgau
Krün
Garmisch-Partenkirchen
Grainau
Eibsee
Wettersteinwald
Mittenwald

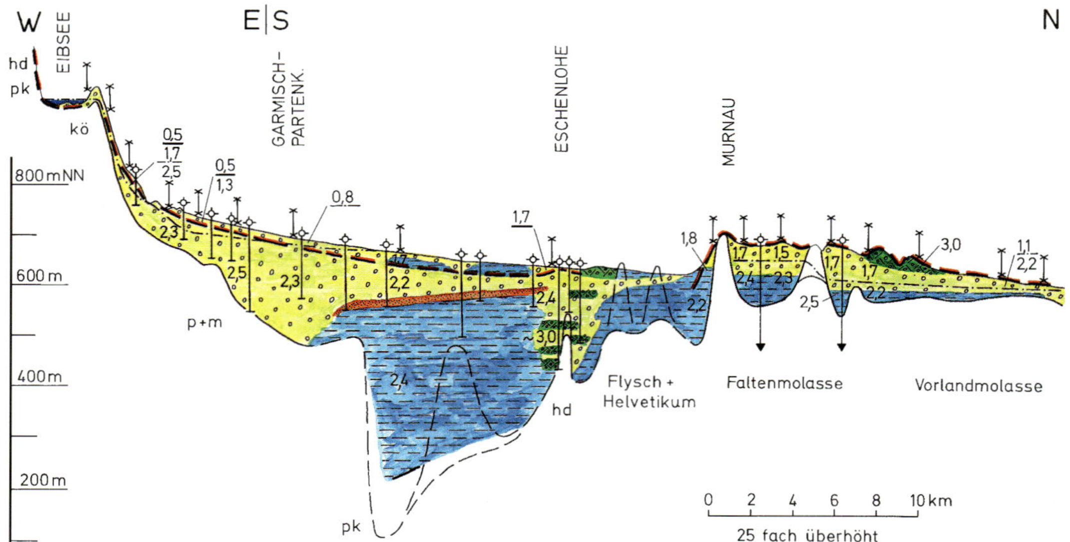

H4. Nord-Süd-Schnitt durch die mächtigen Quartärablagerungen im übertieften Loisachtal. Bei Murnau liegen auf Falten- und Vorlandmolasse nur geringmächtige Seetone (blau) und Vorstoßschotter (gelb) mit Grundmoränenresten (grün) der Würm-Eiszeit. Südlich davon im Loisachtal folgen die tiefen Becken des Murnauer und Oberauer Mooses. Sie sind von mächtigen rißzeitlichen Seetonen und Schottern bedeckt. Nur eine dünne Auflage (oberhalb der roten Linie) stammt aus dem späten Würm. Diese oberen, nicht eisbelasteten Seetone haben eine geringere seismische Geschwindigkeit (1,7 km/s) als die darunter liegenden älteren, eisbelasteten (2,4 km/s) Tone. – Zeichnung BADER.

H5. Nord-Süd-Schnitt von Eberfing (südlich Weilheim) entlang dem Ostrand des Loisachtals über Ester- und Wettersteingebirge bis in die Leutasch. Der Schnitt beginnt im Norden mit der eben liegenden, fast 5000 m mächtigen Vorland-Molasse; daran schließen sich die abgeschuppten Muldenzüge der Faltenmolasse an. Auf den Gleitbahnen der weicheren Flysch- und Helvetikum-Zone stapeln sich die starren kalkalpinen Decken (Allgäu-D., Lechtal-D., Inntal-D.). – Aus Erl. GÜK 500 (Bayer. Geol. L.-Amt 1996).

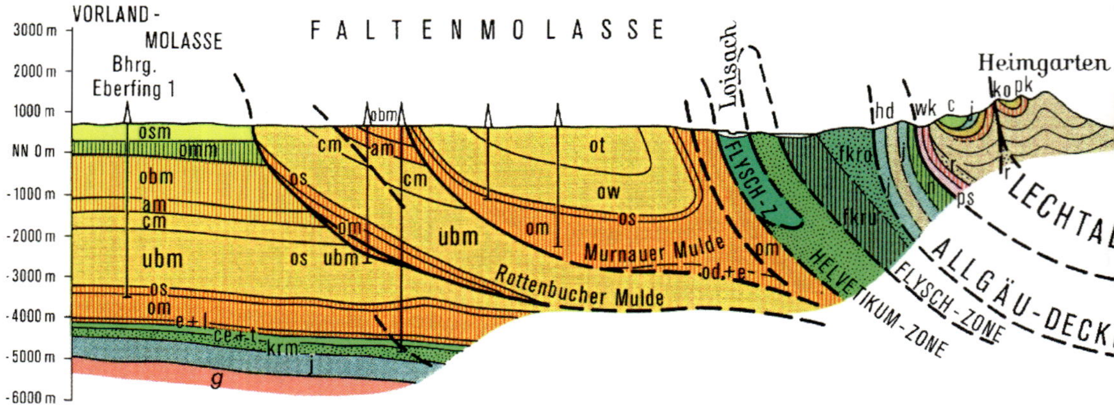

H6. Blick über das Murnauer Moos nach Osten, Richtung Ohlstadt auf den Herzogstand (rechts); im Moor einer der bewaldeten Kögel (Flyschsandstein); links Werdenfelser Hartsteinwerke. – Foto: Th. Schauer.

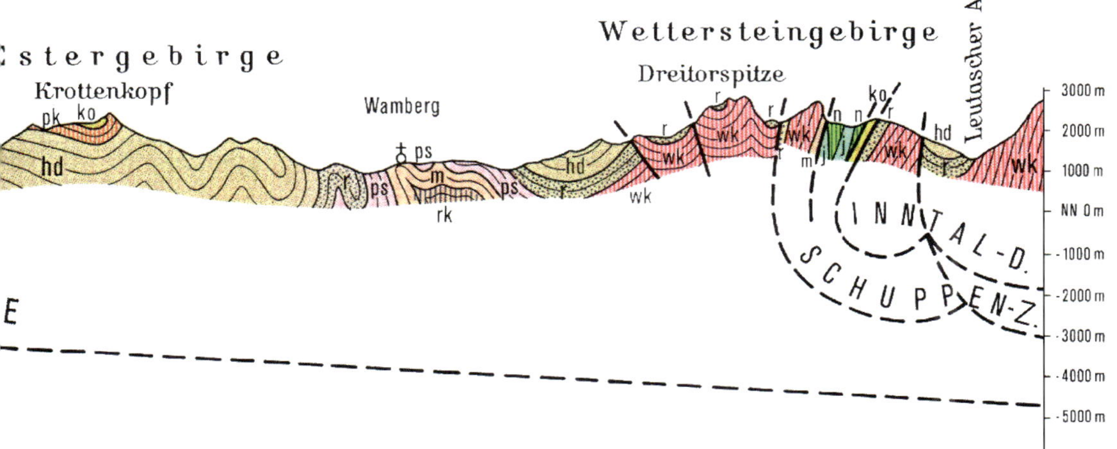

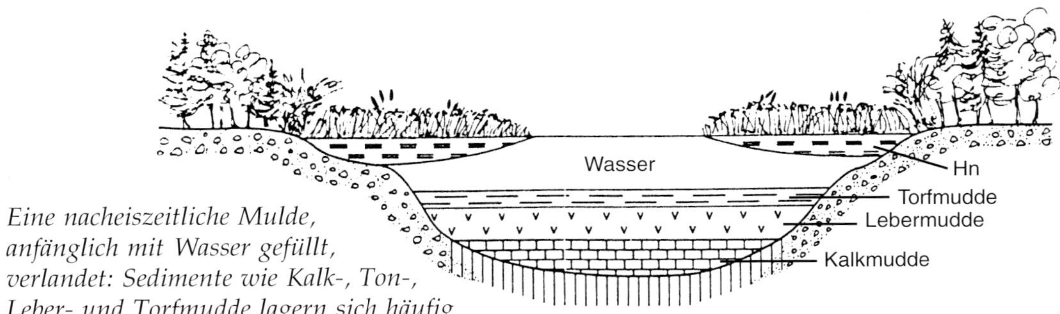

Eine nacheiszeitliche Mulde, anfänglich mit Wasser gefüllt, verlandet: Sedimente wie Kalk-, Ton-, Leber- und Torfmudde lagern sich häufig in den tiefsten Stellen ab. Schilf (Phragmites australis), anfänglich nur im Uferbereich, wächst zur Seemitte. Das abgestorbene Schilf und gewisse Seggen (Carex)-Arten bilden den ersten Niedermoortorf (Hn). Man spricht von einem schwimmenden Moor, Schwingmoor oder auch Schwingrasen.

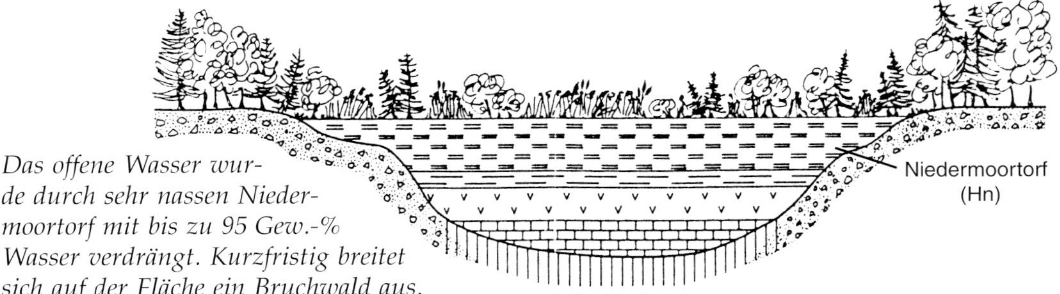

Das offene Wasser wurde durch sehr nassen Niedermoortorf mit bis zu 95 Gew.-% Wasser verdrängt. Kurzfristig breitet sich auf der Fläche ein Bruchwald aus. Die Bäume legen in ihrem Holz die restlichen Nährstoffe fest. Wegen des lockeren Untergrundes und zunehmenden Nährstoffmangels fallen sie bald um. Teilweise versinken sie. Luftsauerstoff kann das Holz nicht mehr zersetzen. Das Wasser des sehr nassen Torfes verhindert das. So wird das Moor immer nährstoffärmer. Die Bäume verschwinden. Die Niedermoor-Pflanzengesellschaften werden von anderen Pflanzengesellschaften abgelöst. Während dieses Übergangs wird ein Moor als Übergangsmoor (Hü) bezeichnet.

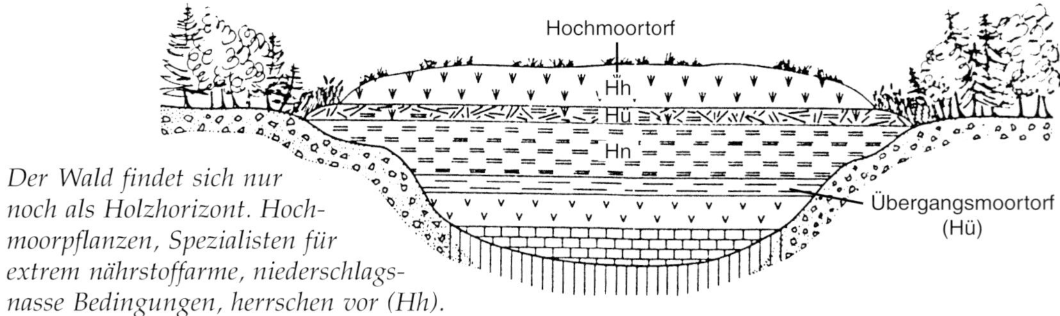

Der Wald findet sich nur noch als Holzhorizont. Hochmoorpflanzen, Spezialisten für extrem nährstoffarme, niederschlagsnasse Bedingungen, herrschen vor (Hh). Die wichtigsten hochmoortorfbildenden Pflanzen sind: Wollgräser (Eriophorum), Heidekrautgewächse (Calluna vulgaris, Vaccinium oxycoccus, Andromeda polifolia), die Beise (Scheuchzeria palustris), Rasensimse (Trichophorum caespitosum), bestimmte Laubmoose (Aulacomnium palustre, Polytrichum strictum), Bleichmoose (Sphagnum) und die Latsche (Pinus montana). Da diese Pflanzen nur noch vom Niederschlag leben, ist ihrem Wuchs nach oben zunächst keine Grenze gesetzt.

H7. Entwicklung des Murnauer Moores nach SCHUCH *(in: Schlossmuseum Murnau 1993).*

H8. Blick auf die Karmulden an den steilen Nordwestabfällen des Estergebirges zum Loisachtal hin. – Aquarell von D. Herm.

Wir fahren weiter nach Süden Richtung Eschenlohe über Buchenried, vorbei am Bergsturzgelände an der Boschetkapelle. Dahinter ragen im Süden die Wände der Osterfeuerspitze empor, die wunderbare Falten im Hauptdolomit zeigen. Davor liegt der Heuberg aus Kreide-Tonmergeln, an dem entlang wir nach Eschenlohe fahren. Erst dort treten wir in die Kalkalpen selbst ein. Ein Felsriegel aus Hauptdolomit verengt hier das Tal. Südlich davon folgen bis Garmisch weitere bis 400 m unter das heutige Tal ausgehobelte U-Talbecken, H4
die auch wieder mit Seetonen und Schottern verfüllt sind.

Von Eschenlohe führt eine Forststraße vorbei an der Asam-Klamm in der Senke zwischen Estergebirge und Heimgarten zum Walchensee. Wir nehmen jedoch den Radweg nach Süden am Ostrand des Talbodens entlang der Hauptdolomitwände des Estergebirges. Gleich hinter Eschenlohe liegen am Rand des Pfrühlmooses die großen blauen Quelltöpfe der Sieben Quellen. Hier wird der Grundwasserstrom des übertieften Werdenfelser Tals durch den Eschenloher Felsriegel an die Oberfläche gedrängt. Große Schuttreißen ziehen von den

H 9. Kuhflucht-Wasserfälle östlich von Farchant. Das am Karstplateau des Estergebirges im Hauptdolomit versickernde Wasser tritt aus der Frickenhöhle als Höhlenfluss aus, stürzt in den Kuhfluchtgraben hinab und bildet dort weitere kleinere Wasserfälle.

Abb. H 10

Exkursion **H** 1 km

H11. Blick vom Krottenkopf auf den breiten Loisach-Talboden bei Oberau, dessen Sohle bis 400 m unter das heutige Tal vom Loisach-Gletscher ausgeschürft wurde und mit Seeton und Schottern erfüllt ist (siehe Profil Abb. H4). Dahinter das Ettaler Becken im Ammergebirge. – Foto: I. Schmidt.

steilen Hauptdolomit-Wänden herab bis ins Moor und versperren uns immer wieder den geraden Weg. Auf der gegenüberliegenden Talseite erhebt sich die vom Eis glattpolierte Hauptdolomit-Wand des Auer-Bergs. Auch dort führt ein schöner Radweg entlang der Loisach durch die blütenreichen Moorwiesen mit zahlreichen Quellbächen nach Oberau. Hier befinden wir uns im Kern des Hauptdolomit-Sattels, in dem noch die weicheren Raibler Schichten zu Tage treten. Sie wurden durch den Loisach-Gletscher schon in der Riß-Eiszeit bis 400 m tief ausgeschürft. Die entstandenen Seebecken wurden anschließend durch Schotter und Seetone wieder aufgefüllt, auf denen sich das Moor entwickelte. Aus den glazialen Schottern gewinnt München einen Teil seines Trinkwassers. Westlich von H11
Oberau führt die Kehrenstraße zum Benediktiner-Kloster Ettal hinüber ins weniger eingetiefte Ammertal des kleineren Ammer-Gletschers, das wir auf dem Rückweg durchfahren.

Von Oberau geht es auf asphaltiertem Weg östlich der Loisach Richtung Farchant, vorbei an Quellsümpfen und ansteigend auf einem großen Schuttkegel, der vom steilen Kuhfluchtgraben mit seinen Wasserfällen und Flusshöhlen heruntergeschüttet worden ist. H9
Wir überqueren die Loisach in Farchant und fahren direkt auf dem westlichen Uferdamm Richtung Garmisch. Die B2 unterqueren wir in einem Fußgängertunnel, dann geht es über die Loisachbrücke nach rechts ins Gewerbegebiet und nach der Kläranlage auf einem schönen Weg entlang der Bahn durch die Heustadlwiesen nach Garmisch. Dabei blicken wir immer auf das hochaufragende Wettersteinmassiv mit dem tiefen Höllental (mit seiner

H12. Zugspitzmassiv mit Alpspitze im Vordergrund und dem Schneeferner auf dem Zugspitzplatt (rechts), von dem das tiefe Reintal seinen Ausgang nimmt. Hinter dem Einschnitt des Inntals die Stubaier und Ötztaler Zentralalpen. – Luftbild: R. Hansen.

H13. Zugspitze mit Höllentalferner im Herbst, nach ersten Schneefällen; rechts davon das tiefe Ehrwalder Becken, durch das der Eisstrom vom Inntal über den Fernpass kam. Im Hintergrund rechts die Lechtaler Alpen. – Luftbild: R. Hansen.

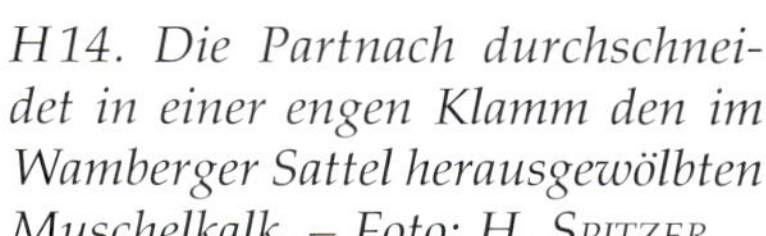

H14. Die Partnach durchschneidet in einer engen Klamm den im Wamberger Sattel herausgewölbten Muschelkalk. – Foto: H. Spitzer.

Klamm) zwischen Waxenstein und Alpspitze (mit Jubiläumsgrat); am Ende des Höllentals H18 H13
schmiegt sich der Rest des Höllentalferners an die Zugspitze.

Wir erreichen die Partnach, die in einer tiefen Klamm den Muschelkalk des Wamberger H14
Sattels durchschneidet. Davor stehen die schwarzen Partnach-Mergel an. Dahinter liegt das tiefe Reintal, das als U-Tal bis zur Angerhütte hinaufzieht und über eine Kartreppe zum Zugspitzplatt führt; dabei lassen sich einige Rückzugsmoränen-Stände bei einer zweitägigen Wanderung zur Zugspitze beobachten (siehe Karte 1:50 000 des Zugspitzmassivs S. 62 und Karte 1:100 000 S. 58). Östlich von Partenkirchen hat ein Teil des Isar-Gletschers von Mittenwald her die weichen Raibler Schichten im Wamberger Sattel ausgeräumt und so eine Verbindung zum Loisach-Gletscher geschaffen. Dadurch ist eine Radtour ins obere Isartal möglich, die entweder weiter zum Walchensee führt (Anschluss an Exk. D, Band 8), oder bis zur Isarquelle im Karwendelgebirge östlich von Scharnitz ausgedehnt werden kann.

Unsere Radtour durchquert Garmisch entlang dem südlichen Uferweg der Loisach bis zum Bad; davor überschreiten wir die Loisach und folgen ihr weiter nach Westen durch die ehemalige amerikanische Siedlung Breitenau. 500 m westlich davon führt ein Steg über die Loisach nach Grainau hinüber. Von hier können wir einen Abstecher in die Höllental-Klamm machen oder zu einer Rundtour zum Eibsee starten.

Der Eibsee liegt unter der 1000 m hohen Wand aus weißem Wettersteinkalk. Von dieser
Wand ging einer der größten Bergstürze der bayerischen Alpen ab, der einen Blockschutt- H19
wall um das Nordufer des Eibsees aufgetürmt und ihn damit aufgestaut hat.

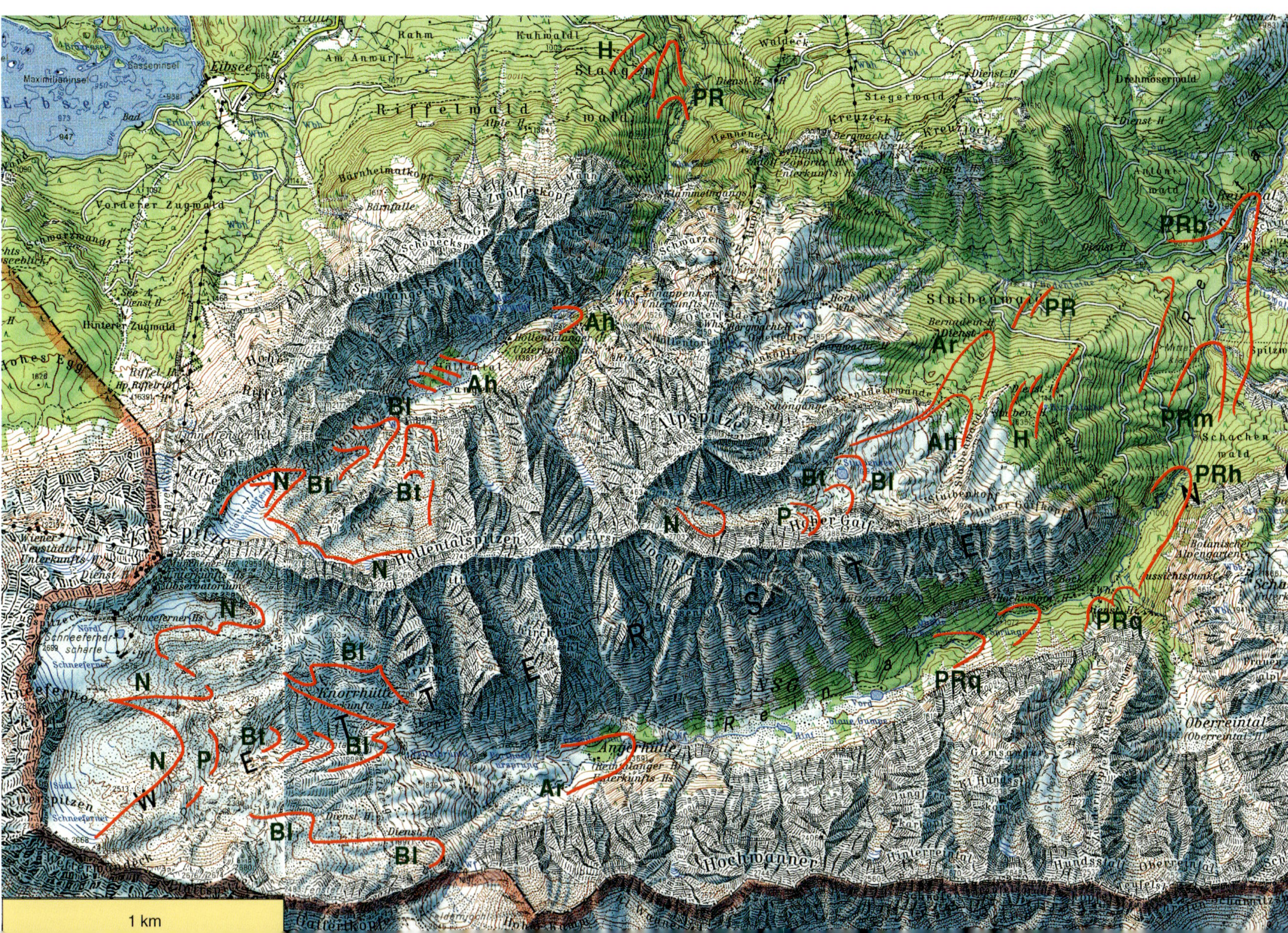

Eibsee
Riffelwald
Zugspitze
Höllentalspitzen
Alpspitze
Schachen
Oberreintal
Hochwanner
Knorrhütte
Angerhütte
PRb
PR
PRm
PRh
PRq
Ah
Ar
Bl
Bt
N
H
P
W
R
E
T
S
1 km

	Zeit BP	Pollenzone	Inn-Gletscher und Lokalgletscher der österr. Zentralalpen	SGD (m)	Werdenfelser Eisstrom und Lokalgletscher im Wetterstein	SGD (m)
HOLOZÄN		V Boreal	Venediger	wenige Zehnermeter		
	9000				Brunntal	80–140
		IV Präboreal	Schlaten			
			Gletscherausdehnung etwa wie 1850			
WÜRM-SPÄTGLAZIAL	10000	III Jüngere Dryas	Kromer	70–100		
			Bockten	100–150	Brünnl	120–220
			Haupt-Egesen	180–300	Höllentalanger	330–350
			↑ ?		Reintalanger	400–450
	11000	II Alleröd				
	12000	Ic Ältere Dryas	Spätwürm-Interstadial			
		Ib Bölling				
	13000	Ia Älteste Dryas	Daun	300–400	Quellen ? ↓	550–600
			Senders	400–520	Hinterklamm	600–650
	14000		Gschnitz	600–700	Mitterklamm	700–750
			Steinach	700–800	Bodenlaine	750–800
	15000				**Leutasch**	ca. 900
			Bühl (bei Kufstein)	ca. 950	**Kankertal/Hirschlacke**	ca. 950
	16000				**Loisachtal**	
					Uffing/Schwaiganger	
	17000		**Stephanskirchen**		**Weilheim**	
WÜRM	18000		Hochwürm			

Vergleich der Rückzugsmoränen des Isar-Loisach-Gletschers mit denen des Inn-Gletschers in den spätglazialen Zeitabschnitten. SGD: Größenordnung der Schneegrenzdepression gegenüber dem Bezugsniveau (BZN) 1850; fett gedruckt sind die Gletscherstände der Ferneisströme. Altersangaben in ^{14}C-Jahren vor heute. – Nach Jerz *1993a (nach* Hirtlreiter *1992).*

◁ *H15. Karte des Zugspitzmassivs 1:50000 mit den spät- und postwürmglazialen Gletscherständen im Wettersteingebirge. – Nach* Hirtlreiter *1992.*

- *N Neuzeitliche Hochstände*
- *P Platt-Stand (Jüngeres Holozän)*
- *B Brunntal- und/oder Brünnl-Stand; Bt Brunntal-Stand (Frühes Holozän), Bl Brünnl-Stand (Wende Jüngere Dryas/Frühes Holozän)*
- *A Anger-Stände: Höllentalanger- und/oder Reintalanger-Stand; Ah Höllentalanger-Stand (Jüngere Dryas), Ar Reintalanger-Stand (Jüngere Dryas oder älter)*
- *PR Partnach-Stände (mittleres Würm-Spätglazial, jüngerer Abschnitt der Ältesten Dryas); PRq Quellen-Stand, PRh Hinterklamm-Stand, PRm Mitterklamm-Stand, PRb Bodenlaine-Stand*
- *H Hirschlacken-Stand (Älteste Dryas)*

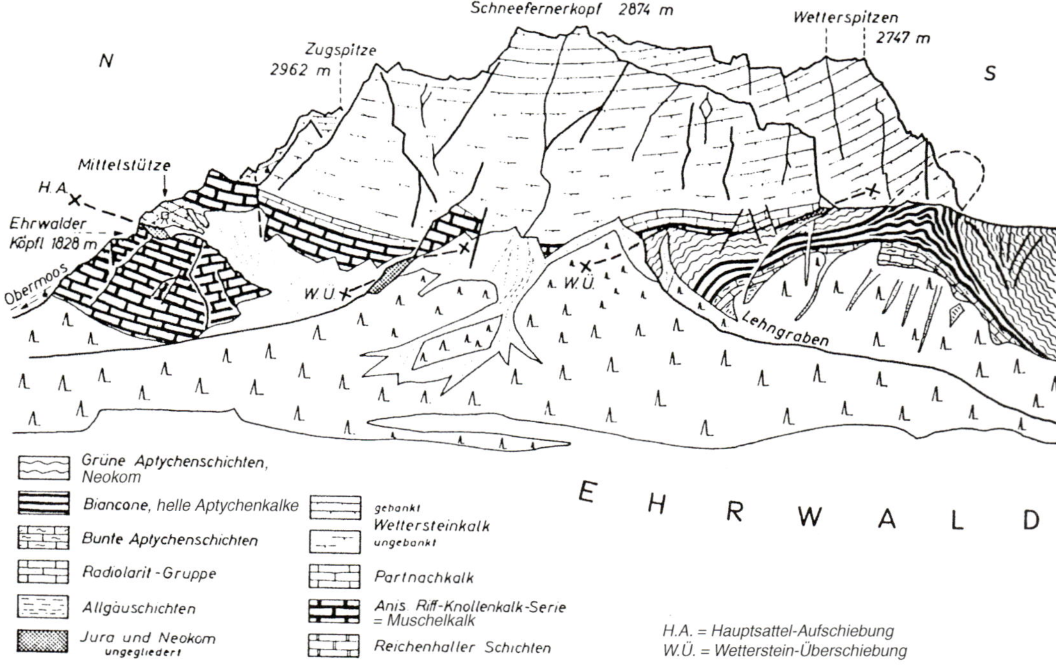

H16. Ansicht des Zugspitzmassivs von Westen mit geologischer Interpretation (unten). Die massigen Korallenkalke des triadischen Wettersteinkalks sind auf die jüngeren Jura/Kreide-Schichten überschoben (Wetterstein-Überschiebung; 1,3 km Südüberschiebung). – Aus MILLER *1962 (Z. deutsch. geol. Ges.). Foto:* TH. SCHAUER.

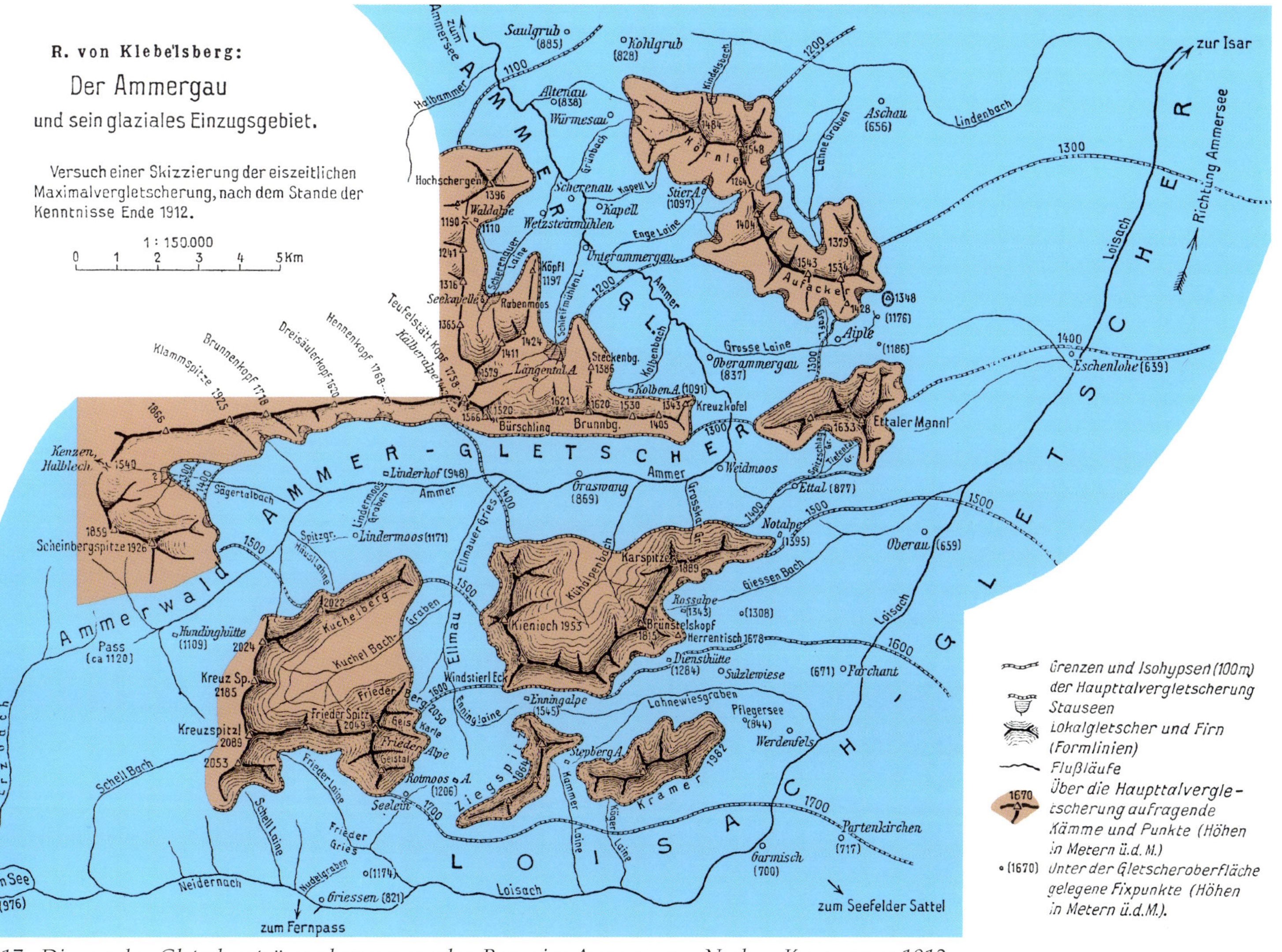

H17. *Die aus den Gletscherströmen herausragenden Berge im Ammergau. – Nach v.* KLEBELSBERG *1912.*

H18. Das Höllental mit dem Rest des Höllentalferners unter der Zugspitzwand im Sommer. Über den Rundhöckern der Kartreppe liegen Moränenreste der »kleinen Eiszeit« von 1850. Tiefer im Tal die letzten spätwürmzeitlichen Rückzugsmoränen des Höllentalanger-Standes der Jüngeren Dryas-Zeit. – Foto: H. Jerz.

Auf die Straße nach Griesen zurückgekehrt, setzen wir unsere Radwanderung fort. Es geht durch das enge, jung eingeschnittene Loisachtal nach Westen bis zur Abzweigung nach Graswang bei der Ochsenhütte. Nun gilt es einen 400 m hohen Anstieg zur Rotmoos-Alm zu überwinden; die weniger geübten Radler werden hier das Rad schieben. Der Blick geht hinauf zur Hauptdolomit-Kuppel des Frieder. An der Rotmoos-Alm durchqueren wir ein kleines Torfmoor auf einem ausgeräumten Jura-Muldenzug, der Richtung Farchant hinüberzieht. Kurz darauf erreichen wir mit etwa 1200 m den höchsten Punkt unserer Tour. Dann geht es dem Elmaubach entlang langsam hinunter ins Graswangtal. Das breite, in den weichen Jura- und Kreide-Schichten der Ammer-Mulde West-Ost verlaufende Tal wurde vom Ammer-Gletscher ausgeräumt. An seinem Westende liegt das von Ludwig II. erbaute Schloss Linderhof. Im Norden schließt sich der kompliziert gebaute Zug des Ammergebirges an, mit den Hauptdolomit-Spitzen der Klammspitze, des Pürschlings und des Brunnbergs und den Wettersteinkalk-Klötzen des Teufelstättkopfs und des Kofels von Oberammergau.

H19. Blick vom Eibsee auf die Zugspitze (2962 m) und die große Riffelwandspitze (links, 2626 m); zwischen beiden liegt die Ausbruchsnische des Bayer. Schneekars, aus dem vor 3700 Jahren ein gewaltiger Bergsturz aus Wettersteinkalk herniederging und den Eibsee aufstaute. Den Fuß der massigen Wettersteinkalk-Wand bildet gebankter Muschelkalk. – Foto: H. Jerz.

Wir folgen dem breiten Tal von Graswang nach Osten auf dem Wanderweg am warmen
Südhang bis zu den Quellsümpfen des Ammer-Ursprungs im Ettaler Moos mit blumen- H20
reichen Wiesen an seinen Rändern. Dann biegen wir scharf nach Norden und queren das H21
Ammergebirge in einer Engstelle aus Lias-Kalken und Wettersteinkalk südlich Oberam- H22
mergau. Damit verlassen wir die Kalkalpen und treten in die weichen Flyschberge ein, die der Ammer-Gletscher wieder zu weiten Becken ausgeräumt hat, in denen große Moore auf spätglazialen Seetonen liegen.

Das Naturschutzgebiet Pulvermoos durchqueren wir entlang der Ammer bis Unterammergau. Es liegt wie auch Oberammergau auf einem breiten Schuttfächer. Südwestlich des Ortes lagen die alten Wetzschieferabbaue in den Radiolariten des Oberjuras. Alte Mühlräder an der Schleifmühlenlaine zeugen noch davon. Im Bauernhausmuseum an der Glentleiten bei Großweil ist eine solche Wetzsteinmühle wieder aufgebaut. Wir folgen weiterhin der Ammer nach Norden bis Altenau. Dabei durchqueren wir das Kochelfilzmoos, in das vor Altenau von den westlichen Flyschbergen große Bergsturzmassen abgerutscht sind (v. Poschinger 1991). Am Anstieg nach Altenau erschließt eine Kiesgrube grobe Schotter mit ebenen feinen Sandlagen; darüber liegt die Endmoräne von Altenau. Von dort wählen wir den Weg nach Nordwesten Richtung Achele über wiesenbedeckte Moränenhügel über Faltenmolasse. Auf der Anhöhe 1 km von Altenau entfernt, halten wir uns auf einem Feldweg nach rechts und suchen entlang dem Hochmoor des Eckfilzes den Anschluss an die Straße nach Saulgrub.

H 20. Ammer-Ursprung im Ettaler Moos mit Blick nach Westen ins Graswangtal (links Kienjoch und Kuchelbergspitze).

H 21. Herbstliche Streuwiesen im Ettaler Moos mit Schwalbenwurz-Enzian.

H 22. Blick vom Anstieg zur Notkarspitze auf das Ettaler Moos mit dem Ammer-Ursprung; dahinter das Engtal zwischen Kofel (links, 1342 m) und Laber (rechts, 1686 m) im Wettersteinkalk und Hauptdolomit. Im Hintergrund die Flyschberge des Hörnle (1548 m) über Oberammergau. – Foto: Th. Schauer.

Wer die Schichten der Faltenmolasse genauer kennenlernen will, muss von hier nach Westen über Achele in die Ammerschlucht hinunterfahren. Südlich von Achele führt der Fußweg nach Altenau durch eine Schlucht in steilstehenden Rupel-Tonmergel. Die Ammerschlucht in der Scheibum erschließt die darüber folgenden, ebenfalls steilstehenden Baustein-Schichten der Unteren Meeresmolasse. In die feinen Meeressandsteine und Tonmergel schalten sich nach Norden zunehmend grobe Geröllagen ein, die zur Unteren Bunten Molasse überleiten. Die eigentliche Felsenengstelle der Scheibum liegt in diesen H 22
groben Geröllsandsteinen. Sie zeigen die nun stärkere Heraushebung der Alpen. Westlich der Ammer führt ein Fußweg zu den Kalktuffkaskaden der Schleierfälle.

Von Achele fahren wir nach Saulgrub entlang dem Nordrand des Eckfilzes, überqueren die B 23 und folgen der Bahnlinie Richtung Bad Kohlgrub. Hier geht es steil hinab in den Ort, den wir nach Südosten Richtung Grafenaschau wieder verlassen. Am Nordfuß der Flyschberge geht es über Moorwiesen entlang dem Lindenbach dem weiten Murnauer Moos entgegen. Wir überqueren die Straße 1 km nördlich Grafenaschau und folgen weiterhin dem Lindenbach ins Murnauer Moos. Zwischen einer Rückzugsmoräne im Norden und den Kalkkögeln im Süden schlängelt sich der Weg durch ausgedehnte Schilfgürtel und Riedgrassümpfe in das weite Niedermoorgebiet der Ramsach. Die Hochmoore liegen mehr im südlichen Teil. Beim Wirtshaus Ramsach erreichen wir wieder den Südabhang der Murnauer Faltenmolasse-Rippe. Von hier führt eine Eichenallee über die Molassehügel zum Münterhaus (»Russenhaus«), dem Wohnhaus von Gabriele Münter und Wassili Kandinsky, nach Murnau. Etwas südlich seitab liegt die Lourdes-Grotte in steilstehenden Baustein-Schichten. Die Molasserippe wird hauptsächlich aus den festen Konglomeraten der Unteren Bunten Molasse gebildet, die an der Straße Murnau-Kohlgrub mehrmals in steiler Lagerung zu sehen sind.

H23. Luftbild-Überblick über das Werdenfelser Land zum nebelerfüllten Inntal bei Innsbruck. Dahinter die Zentralalpen mit der Einsattelung am Brenner. Vorne links das verschneite Ammergauer Tal mit Laber (links, 1686 m) und Pürschling (rechts, 1566 m). Dahinter das Hauptdolomitmassiv mit Notkarspitze (1889 m), Kienjoch (1953 m) und Kramer (1985 m); jenseits der breiten Loisachtal-Senke das Wettersteinmassiv mit der Alpspitze (2628 m) im Morgenlicht. ▷

H24. Profil entlang der Ammer (unten) und bei Bad Kohlgrub (oben) durch die Faltenmolasse und über die Flyschberge zu den kompliziert gebauten Ammergauer Kalkalpen. – Aus Schmidt-Thomé *1955, Profiltafel zu Bl. Murnau 1:100000.*

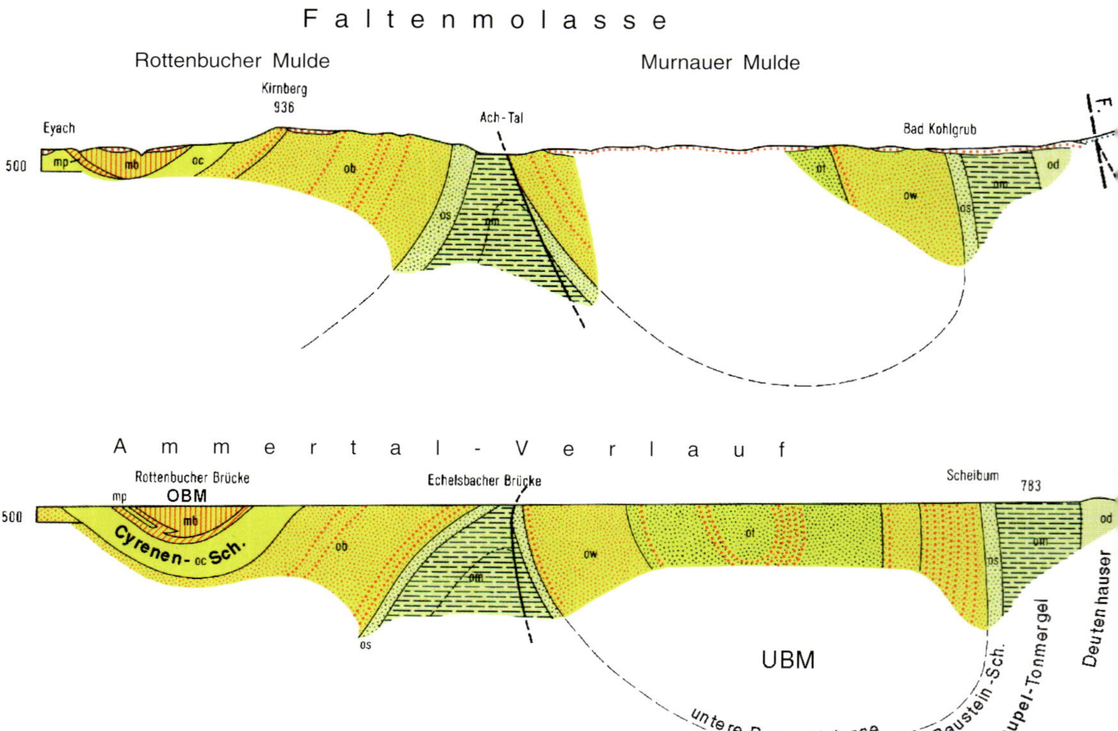

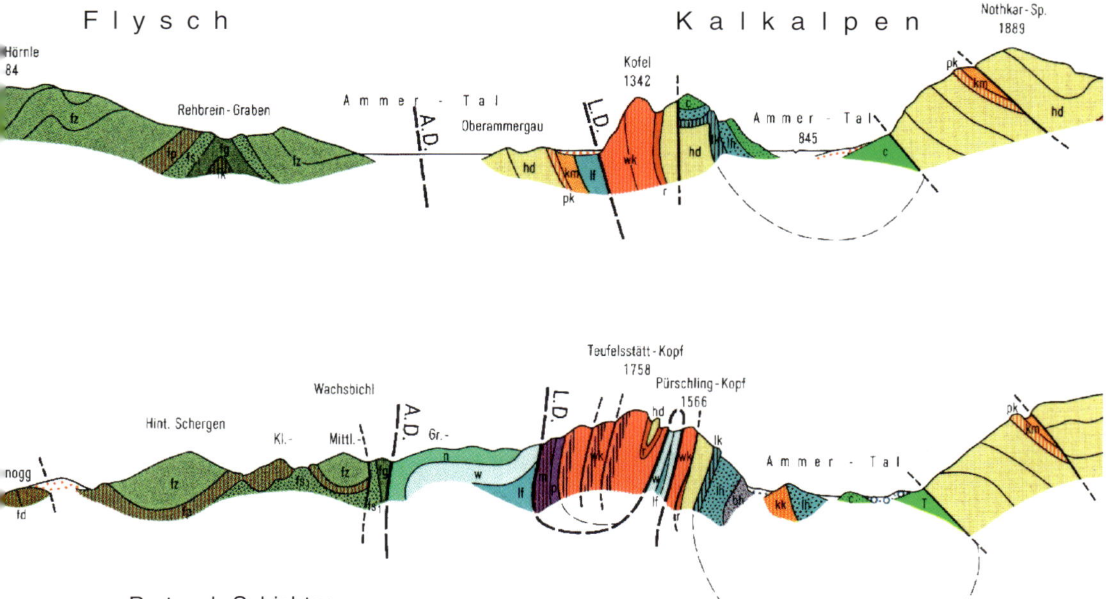

p = Partnach-Schichten
wk = Wettersteinkalk
r = Raibler Schichten
hd = Hauptdolomit
pk = Plattenkalk
km = Kössener Mergel

lf = Lias-Fleckenmergel
lk = Hierlatzkalk
lh = Kieselkalk
w+n = Aptychenkalk
c = Oberkreide

H25. Die Ammer durchschneidet in der sog. Scheibum die steilstehenden Molassesandsteine und -konglomerate. Vorne rechts feiner, grünlicher Sandstein der Baustein-Schichten, dahinter die eigentliche Enge in den roten Konglomeratbänken der Unteren Bunten Molasse.

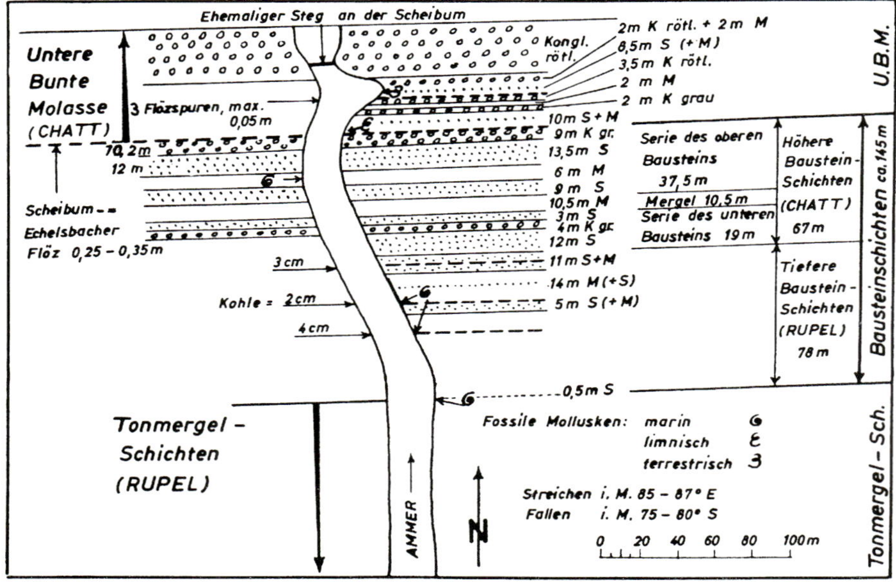

H26. Geologisches Kärtchen der Ammerschlucht an der Scheibum westlich Saulgrub durch die Untere Meeresmolasse. – Aus ZÖBELEIN *1962 (Z. deutsch. geol. Ges.* **113***).*

Exkursion I: Dem Loisach-Gletscher folgend vom Staffelsee zum Ammersee

(Routenkarte S. 88/89, geologische Karte S. 74)

Wir verlassen nun die engen Alpentäler und folgen dem Haupteisstrom 60 km hinaus ins Vorland zum Ammersee. Von Murnau fahren wir hinab zum Staffelsee. Er ist wegen seiner geschützten Lage zwischen den Molasserippen der Murnauer Mulde nur flach ausgeschürft und enthält zahlreiche vom Eis polierte Konglomerat-Inseln des Oberoligozäns *I1*
(sog. Wörth-Konglomerat, oberste Untere Bunte Molasse). Wir folgen seinem Ostufer bis Uffing mit schönen Ausblicken über den See und seine zahlreichen Inseln, auf das Tannenbachfilz im Westen und den nach Süden vorspringenden Moränenrücken südlich Uffing.

Von hier wenden wir uns nach Nordosten, überschreiten den Moränenrücken und streben dem Urstromtal von Eglfing zu, das die Schmelzwässer des sich zurückziehenden Loisach-Gletschers am Ende der Würm-Eiszeit geschaffen haben (Uffinger Stadium). Große Kiesgruben in Schottern deuten auf einen älteren, kräftigen Gletscherabfluss hin. Dieser sog. Murnauer Schotter liegt unter dünner Würm-Grundmoräne (z. T. mit Drumlins) und ist beim Vorstoß des Würm-Gletschers über die Molasserippen hinweg geschüttet worden (Vorstoßschotter wie in der Grube Gstaig bei Großweil, siehe Exkursion G). *G21*

Wir folgen dem Urstromtal bis Huglfing und biegen dann nach Osten Richtung Eberfing ab. Jenseits der B2 liegt wieder eine riesige Kiesgrube in den Murnauer Schottern. Am Straßenknick (westlich Gut Linden) queren wir ein weiteres Urstomtal, das Richtung

I1. Vom Eis glatt poliertes Wörth-Konglomerat (Oberoligozän) an der Westspitze von Seehausen am Staffelsee.

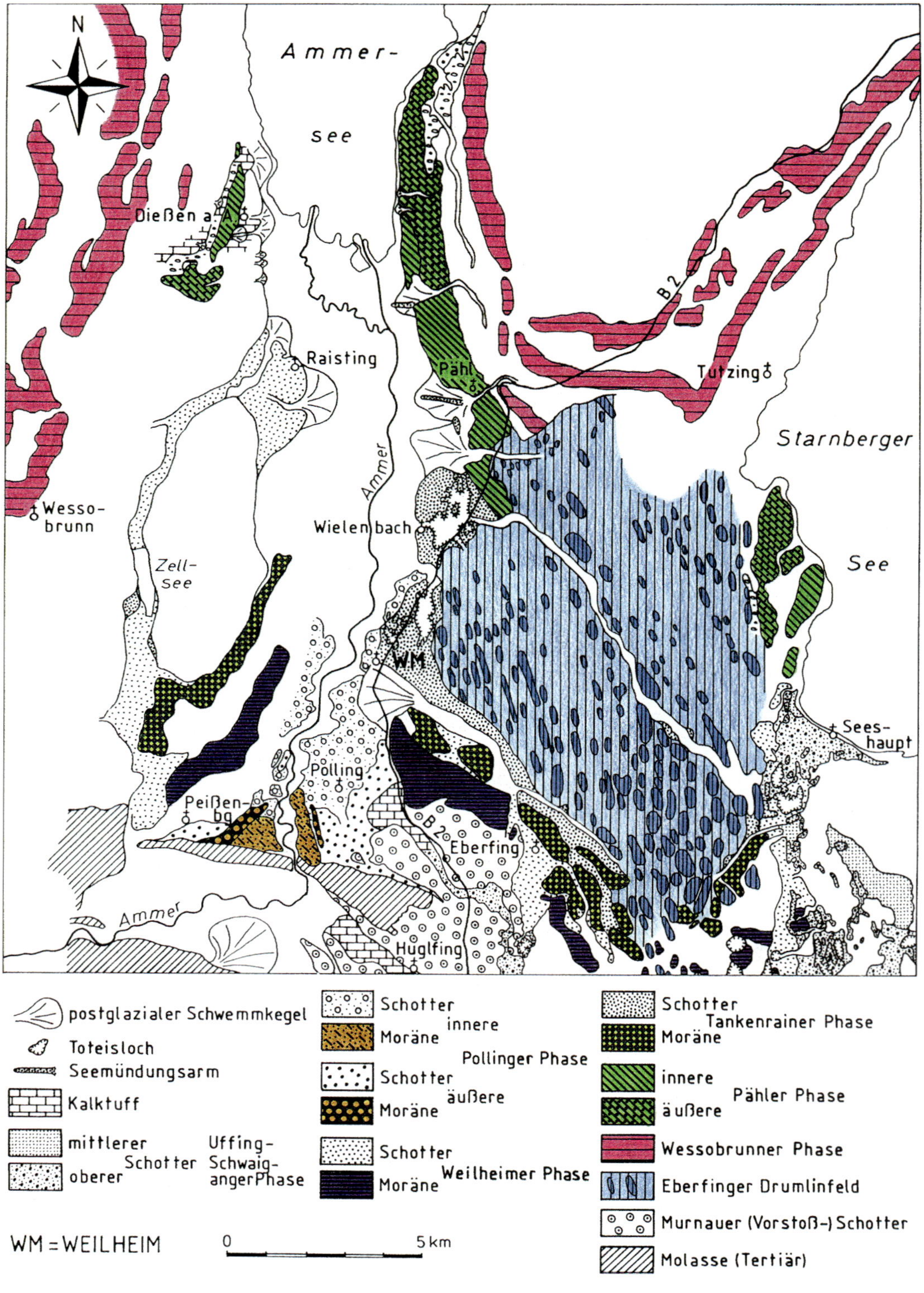

N
Ammer-
see
Dießen a. A.
B2
Raisting
Pähl
Tutzing
Starnberger
See
Wesso-
brunn
Wielenbach
Ammer
Zell-
see
WM
Sees-
haupt
Polling
Peißen-
bg
B2
Eberfing
Ammer
Huglfing

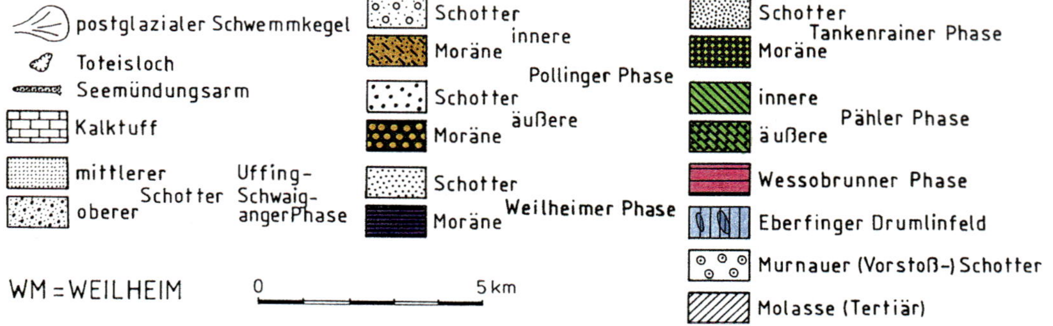

13. Blick von Aidling auf die zu Drumlins umgeformten Murnauer Vorstoßschotter (Abbau in Kiesgrube) in der Murnauer Molassemulde (dunkler Waldstreifen); dahinter die Alpenkette mit Herzogstand-Heimgarten (rechts) und Jochberg (links) jenseits des Kesselberg-Einschnitts. Im Hintergrund Schafreiter (2101 m) und Karwendel. – Foto: R. Hansen.

Polling in das Ammersee-Becken hinauszieht. An seinem Ende liegt das bekannte Pol- 14
linger Kalktufflager, das sich nach dem Rückzug der Gletscher im warmen Atlantikum einen See aufgestaut hat. Holzkohlen, Knochen und Scherben im Tuff weisen auf eine jungsteinzeitliche Besiedlung hin.

2 km südlich Eberfing erschloss westlich der Straße eine ältere Kiesgrube die gleichen 15
Schotter, aber mit Moränenüberdeckung. Direkt westlich Eberfing liegt eine weitere große 16
Kiesgrube in Murnauer Schottern mit dünner Grundmoränendecke. 17

Nun geht es nach Nordosten in die abwechslungsreiche, bewaldete Eberfinger Drumlin-Landschaft. Östlich von Eberfing liegt an der Antdorfer Straße das Gletschertor zum großen Deutenhausener Urstromtal während des Tankenrain-Weilheimer Stadiums beim Rückzug des Loisach-Gletschers. Diese Gletscherwässer haben das Delta von Weilheim aufgeschüttet. Jenseits dieses Tals fahren wir zwischen den Drumlinhügeln am Westrand des vermoorten Rothsees vorbei und erreichen über eine kleine Kuppe Hirschberg am Haarsee. Wir umfahren ihn im Norden und streben der Straße nach Magnetsried zu. Drumlinhügel und Moorbecken wechseln dauernd miteinander ab. Östlich Magnetsried

◁ *12. Der Aufbau der Landschaft beim Rückzug des Loisach-Gletschers aus dem Ammersee-Becken. – Entwurf und Zeichnung L. Feldmann.*

14. Abbau im 20 m starken Kalktuff östlich Polling. Er entstand am Überlauf des ehemaligen Jakobsees am Ausgang des Ettinger Tals im Laufe des gesamten Holozäns. Menschliche Knochen und Scherben der Jungsteinzeit sind eingeschlossen sowie Schnecken und Pflanzen. Rechts: Tuffblock mit Weidenblättern.

15. Kiesgrube 2 km südlich Eberfing, heute verfüllt. Unten und vorne eben geschichteter Murnauer Schotter mit hohem Kristallinanteil. Darüber in halber Höhe der Wand die helle, schluffreiche Grundmoräne mit locker verteilten gekritzten Geschieben (5–20 cm ∅).

geht es nach Jenhausen mit seinem von einem Kirchlein gekrönten Drumlinhügel. Davor zieht ein weiteres Urstromtal (Grünbach) nach Nordwesten Richtung Wielenbacher Schotterdelta. Nun geht es in Richtung der Drumlinzüge bequemer nach Bauerbach, einer bekannten Einkehr. Südwestlich davon liegt jenseits des Grünbachtales das Naturschutzgebiet Hardt mit seinen Enzian-Streuwiesen am Rand des Hochmoors.

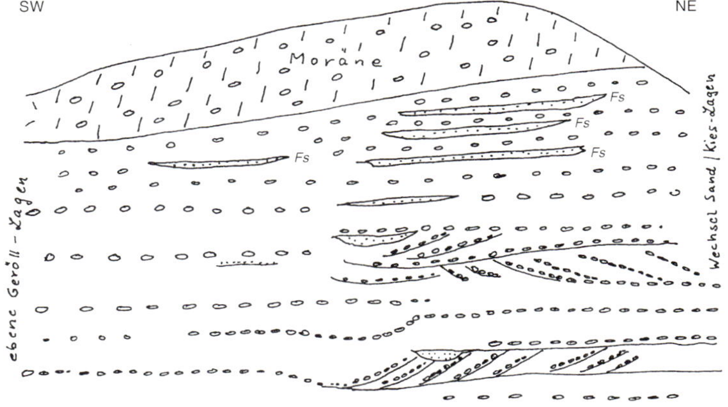

16. Große Kiesgrube südwestlich Eberfing in den groben Murnauer Schottern, überlagert von dünner heller Grundmoräne. Dazu Skizze des Schotterkörpers mit Wechsel von groben, z. T. schräggeschichteten Schotterlagen und Feinsandlagen (Fs), die im Querschnitt Rinnenform zeigen.

17. Gerölle der Eberfinger Kiesgrube: links Wettersteinkalk mit Dasycladaceen (Kreise) und Ooiden. Rechts: gefalteter grünlicher Amphibolit mit hellen Quarzbändern.

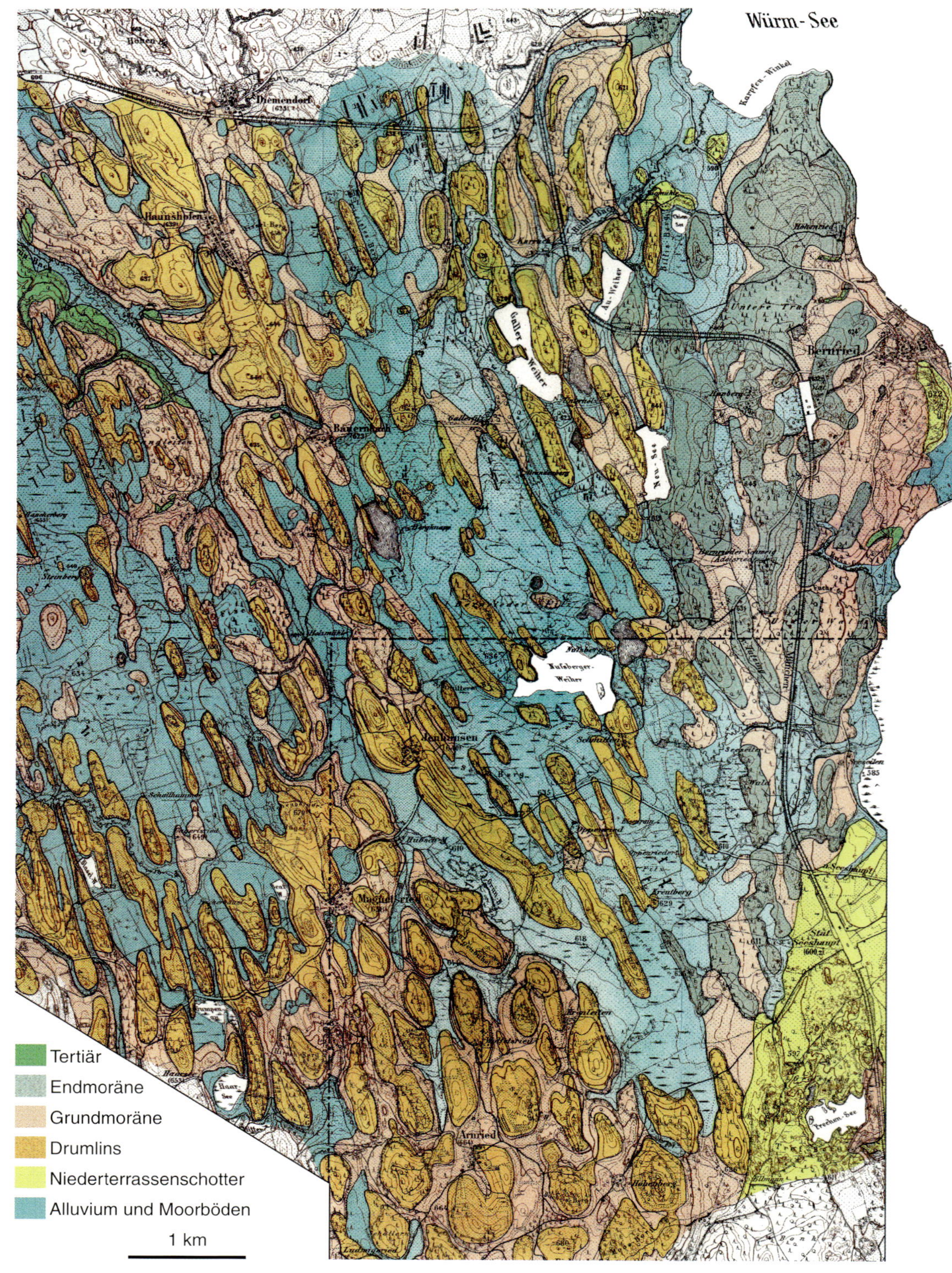
Würm-See
Tertiär
Endmoräne
Grundmoräne
Drumlins
Niederterrassenschotter
Alluvium und Moorböden
1 km

I9. Toteisloch mit Beatweiher und Drumlinhügel im Eberfinger Drumlinfeld westlich Magnetsried.

I10. Drumlin von Jenhausen mit Kirche an der steilen Luvseite.

◁ *I8. Geologische Karte 1:50 000 des Eberfinger Drumlinfeldes von* Edith Ebers *1926. Der geradlinig nach Nordwesten ziehende Drumlinhügelschwarm (ocker) tritt deutlich aus den blau gehaltenen Moorniederungen hervor. Im Osten begleiten Rückzugsmoränen (graublau) auf Grundmoränen (rosa) den Starnberger See. Südlich davon liegt die von Toteiskesseln durchlöcherte Seeshaupter Terrasse (gelb). Nur selten tritt die tertiäre Unterlage (grün) zutage, insbesondere in der eiszeitlichen Abflussrinne des Grünbaches.*

111. Moorauge im Hochmoor bei Jenhausen. – Luftbild: R. Hansen.

Über Haunshofen, den ehemaligen Wohnort der Eiszeitforscherin Edith Ebers, und Diemendorf geht es über die letzten Grundmoränenhügel steil zum Höhenrücken zwischen
Ammer- und Starnberger See hinauf. An seinem Südrand fahren wir von Monatshausen
110 zur Hirschberg-Alm. Vor der B2 besteigen wir die kegelförmigen Tumuli östlich des
ehemaligen Gasthauses. Es soll sich dabei um Gletschermühlen handeln, die mit Schotter gefüllt wurden und nach Abschmelzen des Eises als Schotterkegel herabsanken. Von
114 115 der Höhe des Hirschbergs hat man einen umfassenden Blick, der uns noch einmal die
Zusammenhänge des Loisach-Gletschers und seiner Rückzugsstadien im Ammersee-
Zungenbecken zeigt. Im Südwesten liegt das bereits mit Seetonen verfüllte und vermoorte südliche Ammersee-Zungenbecken mit dem Schotterdelta von Raisting, dahinter der hohe Moränenzug von Wessobrunn, im Süden begrenzt durch den Molasserücken des Peißenbergs, der noch etwas aus dem Eisstrom herausgeschaut hat. Davor liegen 150 m tiefer im Becken die niedrigen Rückzugsmoränenrücken von Tankenrain westlich von Weilheim. Zur Zeit dieses Weilheimer Rückzugsstadiums war der Gletscher demnach schon so tief abgeschmolzen. Von seiner Westseite strömte nördlich von Peißenberg ein großer Gletscherbach nach Norden (heutiges Rott-Tal mit Zellsee) und schüttete das Raistinger Schotterdelta in das Ammersee-Becken, dessen Seespiegel etwa 20 m höher lag

112. Streuwiese mit Mehlprimeln und Astern; unten Trollblumen. – Fotos: TH. SCHAUER.

113. Kegelförmiger Schotterhügel (sog. Tumulus) am Hirschberg östlich Pähl, entstanden aus einer aufgefüllten Gletschermühle im zerfallenden Eis; unten Küchenschelle als typischer Frühjahrsblüher auf den trockenen Kalk-Schotterhügeln.

als heute. Auf der Ostseite dieses Seebeckens, das vielleicht im Norden von Toteis einge-
116 nommen war, liegen die Schotterdeltas von Wielenbach und Weilheim (südlich unseres
Standpunkts) und ihr entsprechender Moränenzug südlich von Weilheim. Nach Osten zu
schließt sich die Grundmoränenlandschaft mit dem Eberfinger Drumlinfeld an. Weiter im
Süden tauchen die hellen Kalkalpen auf, davor die dunklen Flyschberge.

114. Blick vom Hirschberg nach Süden über die Ausläufer des Eberfinger Drumlinfeldes (links) und den Beginn des Wielenbacher Schotterdeltas (rechts) zu den Ammergauer Alpen; links dahinter das Wettersteinmassiv. – Foto: H. Spitzer.

115. Der gleiche Blick vom Hirschberg mit den Augen des Künstlers gesehen. – Aquarell von D. Herm.

116. Kiesgrube im Schotterdelta nördlich von Wielenbach mit den nach Westen einfallenden Schotterkörpern (unten); darüber ebene Schotterlagen des weiter westlich zum Ammersee-Becken vorgerückten Deltas.

Wir fahren nun unter der B2 hindurch nach Pähl und unternehmen eine kleine Fußwanderung nach Nordosten in die romantische Pähler Schlucht. Nach einem kurzen Anstieg Richtung Hirschberg-Alm geht es unter den z. T. abgebrochenen Nagelfluhwänden auf feuchtem Tertiär-Untergrund in die Schlucht hinein. Wir kommen an einem alten Wasserhaus für das Pähler Schloss vorbei, das die Quellen auf den Tertiär-Mergeln nützte. Im engsten hinteren Teil der Schlucht (am Beginn des Felsensteigs) sind in den eben gegliederten Nagelfluhbänken kleine Geröllrinnen eingeschnitten. Besonders interessant ist die Schlucht nach langen Frostperioden, wenn die aus den Moränen herabfließenden
117 Wässer zu Eisvorhängen und Eiswasserfällen erstarrt sind.

Wir kehren nach Pähl zurück, fahren (oder schieben) steil die Schlossabfahrt hinauf, am Hochschlossweiher vorbei und gelangen auf den höchsten Moränenzug bei der Hartkapelle. Durch parkähnlichen lockeren Buchenwald mit Orchideenwiesen streben wir
118 dem heiligen Berg von Andechs zu. Weit schweift der Blick nach Nordwesten über den Ammersee und seine umgebenden Moränenzüge. Wir besteigen den bekanntesten Drumlinhügel, auf dem das Kloster steht, und halten geistige und leibliche Einkehr im berühmten Benediktinerkloster mit seinem Bräustüberl.

117. Pähler Schlucht in mindelzeitlicher Nagelfluh mit Eiswasserfall und Eisvorhang.

118. Blick auf Kloster Andechs mit dem bewaldeten Moränenzug über das jetzt verfüllte südliche Ammersee-Becken von Raisting; dahinter die vom Peißenberg (Sendemast, 988 m) nach Norden ziehenden hohen Moränenwälle von Wessobrunn und die Kalkalpen. – Luftbild: R. Hansen.

119. Andechser Moränen-Höhenrücken mit seinen ins Ammersee-Becken hinabziehenden Rückzugsmoränen. Im Vordergrund links die bis ins Tertiär eingeschnittene Kientalschlucht. Hinter dem Ammersee-Becken im Dunst die dunklen Flyschberge und die hellen verschneiten Kalkalpen mit Zugspitze (rechts). – Luftbild: R. HANSEN.

Gestärkt fahren wir über Schmelzwassertäler und Endmoränenzüge nach Nordosten Rich-
120 121 tung Frieding. 1 km vor dem Ort liegt linkerhand eine große Kiesgrube in eben geschichteten Schmelzwasserschottern mit wenigen dünnen, feinsandig-schluffigen Zwischenlagen. Sie wurden von einem Schmelzwasserstrom antransportiert, der aus Gletschertoren
im Zwickel zwischen Ammersee- und Würmsee-Lobus um Seewiesen seinen Ausgang
nahm. Wir folgen diesem Strom nach Drößling, überschreiten den Moränenrücken gegen
Unering, wo wieder eine Schmelzwasserrinne von Süden herabzieht. Eine weitere Rinne
erreichen wir in Hadorf. Von dort können wir entweder über Hanfeld am Außenrand
der Würm-Moränen zum Bahnhof Mühltal radeln, vorbei an einer Kiesgrube in jungen
Schmelzwasserschottern, und damit Anschluss an unsere erste Exkursion finden, oder wir
fahren über die Endmoränenwälle von Söcking hinunter zum Starnberger See.

120. Kiesgrube südlich Frieding in eben geschichteten Schmelzwasserschottern.

121. Feingeschichtete Schlufflagen zwischen den Schmelzwasserschottern von Frieding als Zeugen von Stillwasserbereichen. 10-Pfennigstück als Größenmaßstab.

Anschluss rechte Seite

Exkursion E
Exkursion F
Exkursion G
Exkursion H
Exkursion I (70 km)
Exkursion K (37 km)
Exkursion L
Alternativen und Anschlüsse
Fußwege
Gletschertore (Auswahl)
Aufschlüsse
2 km
Anschluss linke Seite
Wörthsee
Steinebach a. Wörthsee
Hechendorf a. Pilsensee
Seefeld
Oberalting
Drößling
Unering
Hochstadt
Hadorf
Hanfeld
Söcking
Perchting
Frieding
Widdersberg
Andechs
Erling
Aschering
Pöcking
Maising
Feldafing
Traubing
Possenhofen
Roseninsel
Garatshausen
Tutzing
Pähl
Hirschberg
Diemendorf
Kampberg
Wielenbach
Wilzhofen
Haunshofen
Kerschlacher Forst
Rothenfelder Forst
Breitenberg
Starnberg
Berg
Leoni
Assenhausen
Mamhofen
Hausen
Oberbrunn
Königswiesen
Inning a. Ammersee
Herrsching
Mühlfeld
Aidenried
Fischen
Vord
Eichhof

Exkursion K: Auf dem König-Ludwig-Weg von Starnberg durchs Fünf-Seen-Land nach Weßling

(Routenkarte vorherige Doppelseite, geologische Karte S. 93)

Wir beginnen unsere vorletzte Fahrt auf den Spuren der Eiszeit am Schlossberg in Starn-
K1 berg. Von den Türmen des Schlossgartens überblicken wir nochmals das lange Zungenbe-
cken des Starnberger Sees in Richtung auf das Alpentor des Kesselbergs, aus dem der Isar-
Gletscher aus den Alpen ins Vorland austrat. Der Sporn des Schlossberges trägt auf einem
harten Nagelfluhsockel einen Rest der Starnberger Rückzugsmoräne, die das Seebecken
im Westen begrenzt und nach Pöcking weiterzieht. Zwischen diesem Rücken und dem
Hauptmoränenzug von Söcking-Seewiesen hat sich das Maisinger Seebecken gebildet.
Sein Ausfluss hat die Maisinger Schlucht bis tief in die Nagelfluh eingegraben und zuletzt
den jungen Schwemmkegel gebildet, auf dem Starnberg liegt. Wir folgen nun der Maisinger Schlucht aufwärts. An der Kreuzung mit der Söckinger Straße waren in Baugruben
mehrfach Seetone aufgeschlossen, die auf einen zeitweisen Rückstau des Abflusses durch
das Eis im Starnberger Becken hindeuten. Die sieben Quellen der Fischzuchtanstalt südlich
davon entspringen auf den unter der Nagelfluh liegenden Tertiär-Mergeln. Mit Beginn der
freien Wiesen kann man die Talsedimente am Bachufer erkennen: Unter Auelehm schaut
der spätglaziale Schotter heraus. Nach der Talerweiterung bei Neusöcking, wo Starnberg
sein Trinkwasser aus lockeren Schottern unter der Würm-Moräne gewinnt, beginnt die
K2 eigentliche Maisinger Schlucht in der mindelzeitlichen Nagelfluh. Ihre Gerölle bestehen
meist aus alpinen Kalken und Dolomiten, die Geröllgröße liegt bei 1–5 cm, selten bis über
10 cm, die Sortierung ist schlecht. Lockere sandige Linsen wittern als Hohlkehlen heraus.
100 m westlich der 2. Brücke kann man an einem Prallhang des Bachs auf der Nagelfluh
den braunen zwischeneiszeitlichen Boden unter der Würm-Moräne sehen.

K1. Blick vom Starnberger Schlossberg über den Starnberger See zum Herzogstand/Heimgarten (rechts) und zum verschneiten Karwendel (links) hinter dem Einschnitt des Kesselbergs.

K2. Kalkkonglomeratbänke der mindelzeitlichen Nagelfluh in der Maisinger Schlucht im Winter.

K3. Blick auf das Maisinger Becken, dessen See im Spätglazial bis nach Traubing (links) gereicht hat, mit dem kleinen vermoorten Maisinger Restsee. Dahinter der bewaldete Rückzugsmoränengürtel auf der Machtlfinger Höhe und die Alpenkette. – Luftbild: R. Hansen.

K4. Der heute künstlich angestaute Maisinger See mit seinem Schilf- und Moorgürtel liegt auf spätglazialen Seetonen. – Luftbild: R. Hansen.

K5. Geologische Karte 1:25 000 der Umgebung von Andechs. Das Drumlinfeld auf der Höhe von Andechs liegt im Bereich einer Schmelzwasserrinne zwischen dem Hauptendmoränenwall des Ammersee-Lobus im Osten und den Rückzugsmoränen am Hang des Ammersee-Beckens im Westen. Nacheiszeitlich hat der Kienbach eine tiefe Schlucht durch die Nagelfluhbänke bis ins Tertiär eingeschnitten und den Herrschinger Schuttkegel in den Ammersee vorgeschoben. – Aus Jerz 1993b. ▷

Holozän

Talboden und jüngste Ablagerungen

Hang- und Verwitterungsschutt; Blockschutt

Bachschwemmfächer

Hn Niedermoor

,Kq Sinterkalkabsätze

Hangrutschungen bzw. Rutschgebiet

Postglaziale Erosionskante oder Terrassenkante

Tertiär (Miozän)

mi Sand und Sandmergel (»Flinz«) der Oberen Süßwassermolasse

Pleistozän

Würmeiszeitliche Erosionskante oder Terrassenkante

Würmeiszeitlicher Abschmelzschotter; Schmelzwasser-Abflussrichtung

Würm-Moräne allgemein, meist Ablationsmoräne auf Grundmoräne

Würm-Endmoräne oder -Rückzugsmoräne mit Wallform; vorwiegend stark bewegtes Relief

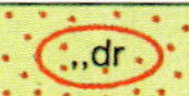

Drumlin

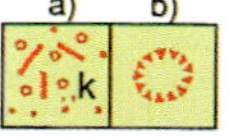

a Kamesartige Aufschüttung aus Kies und Sand; b Toteiskessel

Mindelzeitlicher Schotter, sog. Deckenschotter; vorwiegend Nagelfluh

o Q Quelle

▪ Br. Brunnen

Herrsching a. Ammersee
Andechs
(711,0)
Erling
Friedenskp.
W.M
W.G
dr
Hn
Br.
689
686
596
605
695
707
726
718
700
660

K6. Schottergrube Spornritt nördlich Machtlfing mit vom Eis gestauchten Schottern zwischen Würmsee- und Ammersee-Gletscherzunge (jetzt verfüllt).

K3 Von Maising aus geht es hinunter in das spätglaziale Seebecken, von dem der kleine Mai-
K4 singer (Stau-) See nur noch einen schwachen Eindruck vermittelt. Entlang dem Ostrand
des Seebeckens, an dem der Bach die grauen schluffigen Seetone unter dem schwarzen
Torf freispült, fahren wir Richtung Aschering. Von dort müssen wir den westlichen Moränengürtel des Würmsee-Lobus Richtung Andechs erklimmen, der von zahlreichen Toteiskesseln durchlöchert ist. Am Eßsee in Seewiesen überschreiten wir die Grenze zu den
Moränen des Ammersee-Lobus. Hier lag 1 km südlich unseres Weges eine Kiesgrube mit
K6 vom Eis gestauchten Schottern und Sanden (Spornritt). Am Gletschertor bei Rothenfeld
beginnt ein flaches Schmelzwassertal, dessen Schotterbänke in der Friedinger Kiesgrube
4 km weiter nördlich zu sehen sind. 1 km westlich Rothenfeld fallen die kegelförmigen
Tumuli auf, die eine seltene Magerrasenflora tragen. Nun geht es den Kreuzweg hinab
K7 nach Andechs (vgl. Exkursion I). Nach einer Erfrischung mit Klosterbier rollen wir die
K8 Nagelfluhschlucht des Kientals hinunter über die feuchten Tertiär-Rutschhänge nach Herr-
sching am Ammersee. 500 m südlich der ersten Häuser liegen am westlichen Hang große
Anrisse in verfestigter Grundmoräne; am Kamm darüber führt ein aussichtsreicher Steig
K9 nach Andechs herauf. Herrsching liegt auf einem Schwemmkegel des Kienbachs, der das
K10 Pilsensee-Zweigbecken vom Ammersee abgetrennt hat. Wir überqueren das Herrschin-
ger Moos entlang der Bahnlinie und folgen dem Westufer des Pilsensees bis Hechendorf.

K7. Der Moränenhügel von Andechs – vom strömenden Eis stromlinienförmig modelliert. Die steile und stumpfe »Luvseite« (im Süden, links) und eine flacher auslaufende »Leeseite« (im Norden) kennzeichnen die vierzig Meter über die Umgebung herausragende Gletscheraufschüttung als Drumlin (»Schildrücken«). – Aquatinta-Radierung von Carl August von Lebschée *(1832). Staatliche Graphische Sammlung München.*

K8. Nagelfluh-Felswände im Kiental unterhalb von Kloster Andechs. – Federzeichnung von M. Schuster *1906 (Aus* Jerz *1993b).*

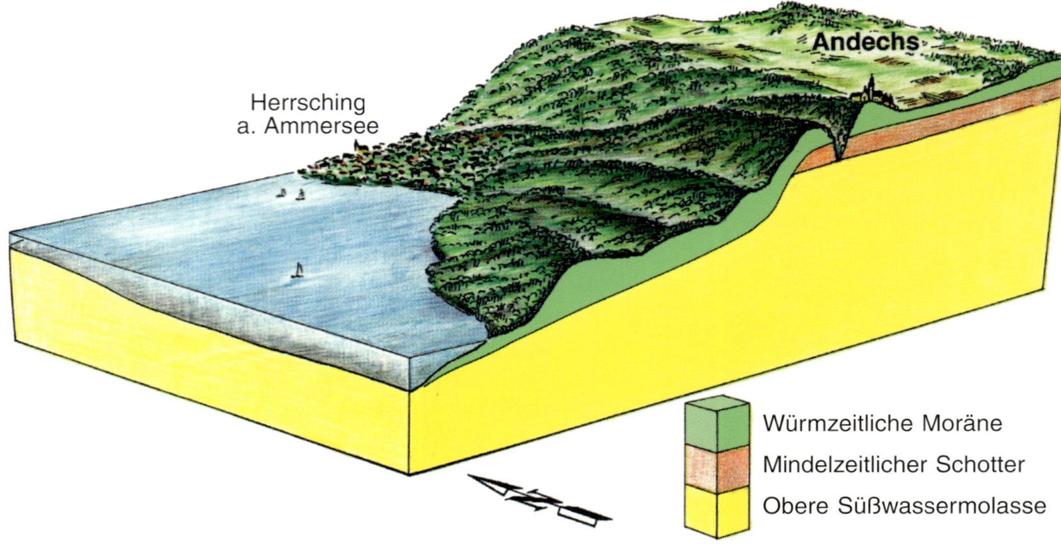

K9. Geologisches Blockbild des heiligen Berges von Andechs. Über dem Tertiär-Sockel und der harten mindelzeitlichen Nagelfluhplatte liegen die Moränenzüge, die sich bis zum See hinunterstaffeln. – Aus JERZ *1993b.*

K11. Schloss Seefeld auf der nach Norden absinkenden Andechser Rückzugsmoräne.

Wir fahren über die Rückzugsmoränen Richtung Steinebach am Wörthsee. Dort mündete ein spätglazialer Überlauf des Pilsen-Eisstausees mit einem Schotterdelta in den Wörthsee. Entlang der Bahn geht es dann zum großen Toteissee von Weßling, dem Ende des Pilsensee-Zweigbeckens. Von hier führen Bahn und Straße nach Nordosten durch das Gletschertor auf die weite Münchener Schotterebene hinaus, die nur noch hinter Gilching durch die niedrige Altmoräne unterbrochen wird. Wer den Weg über Oberpfaffenhofen
gegen Unterbrunn wählt, kommt an großen Schottergruben vorbei. Westlich Unterbrunn *K11*
liegt ein kleiner Aufschluss in der Altmoräne. *K12*

◁ *K10. Blick auf den Andechser Höhenrücken (rechts) mit seinen bewaldeten Moränenzügen. Aus der dazwischen liegenden Kientalschlucht wurde der Schuttkegel von Herrsching in den Ammersee geschüttet und dadurch das Zweigbecken des Pilsensees abgetrennt. Im Hintergrund der Wörthsee, der ebenfalls von Rückzugsmoränen umgeben ist. – Luftbild: R. Hansen.*

K12. Kiesgrube in der Altmoräne 1 km westlich Unterbrunn.

K13. Kiesgrube zwischen Oberhochstadt und Unterbrunn in Schottern einer schon breiten Schmelzwasserrinne zwischen den Jungmoränen von Hochstadt und den zerschnittenen Altmoränen von Unterbrunn. Kieswerk Zeitler GmbH.

Exkursion L: Rund um den Ammersee

(Routenkarte S. 100, geologische Karten S. 101, 112 u. 114)

Der Ammersee-Lobus des Isar-Loisach-Gletschers stößt am weitesten nach Norden vor, da er die direkte Fortsetzung des Hauptgletscheraustritts aus den Alpen bei Murnau bildet. Der großräumige Rückzug des Ammersee-Gletschers ist in der Einführung bereits dargestellt worden. Aufgrund der neuen Kartierungen des Geologischen Instituts der TU München unter Leitung von Prof. Dr. E. OTT konnten weitere Einzelheiten rekonstruiert werden (insbesondere durch die Diplomarbeiten von WOLF 1989, SCHNEIDER 1992 und KUNZ 1992). Die Herren R. KUNZ und F. WOLF haben uns freundlicherweise einige unveröffentlichte Abbildungen zur Verfügung gestellt, ebenso wie schon vorher erwähnt, Herr Dr. L. FELDMANN. Herrn Prof. Dr. OTT und Dipl. Geol. KUNZ danken wir für Exkursionsführungen rund um den Ammersee.

Unsere Rundfahrt beginnen wir auf dem Schotterdelta des Kienbaches in Herrsching. Es hat den Pilsensee vom Ammersee abgetrennt; bis vor 13000 Jahren waren beide noch miteinander verbunden. Somit muss der Ammerseespiegel mindestens schon damals den heutigen Stand erreicht haben. Auf der Straße Richtung Breitbrunn erreichen wir am Ortsende von Lochschwab die Bäuerinnenschule des Bayerischen Bauernverbandes. Hier hat sich der Eulenbach bis ins Tertiär eingetieft. An seinen Prallhängen kommen mehrfach Flinzfeinsande und gelbblau gefleckte Mergel heraus. 1 km weiter nach Rezensried entspringt am Seeufer auf diesen Mergeln eine gefasste, starke, kalkreiche Quelle, die Kalktufflager aufgebaut hat und noch heute Kalkkaskaden bildet. Wir verlassen die Straße und folgen dem Fußweg am Seeufer. Immer wieder kreuzen wir kleine kalkreiche Bäche, mit Tuffabscheidungen. Der Weg mit alten Bäumen führt auf einem niedrigen Strandwall *L4*
entlang, der von einem um 2 m höheren Seespiegel zeugt. Zum Berg hin sind auf der Grundmoräne z. T. schmale Eisrandterrassen ausgebildet. Im flach auslaufenden See sind die Gerölle mit Blaugrünalgen-Krusten überzogen, die oft durch nagende Insektenlarven zerfurcht sind (Furchensteine). In 1,5 m Wassertiefe treten z. T. große Kalktuffbänke auf; *L1*

L1. Furchensteine am Ammerseeufer. Diese auffällig skulpturierten Flachwasserbildungen entstehen durch komplexe Wechselwirkungen von Inkrustation kalkfällender Cyanophyceen (hauptsächlich Schizothrix) und Einfurchung durch Insektenlarven (hauptsächlich Köcherfliegenlarven). – (Foto: R. KUNZ).

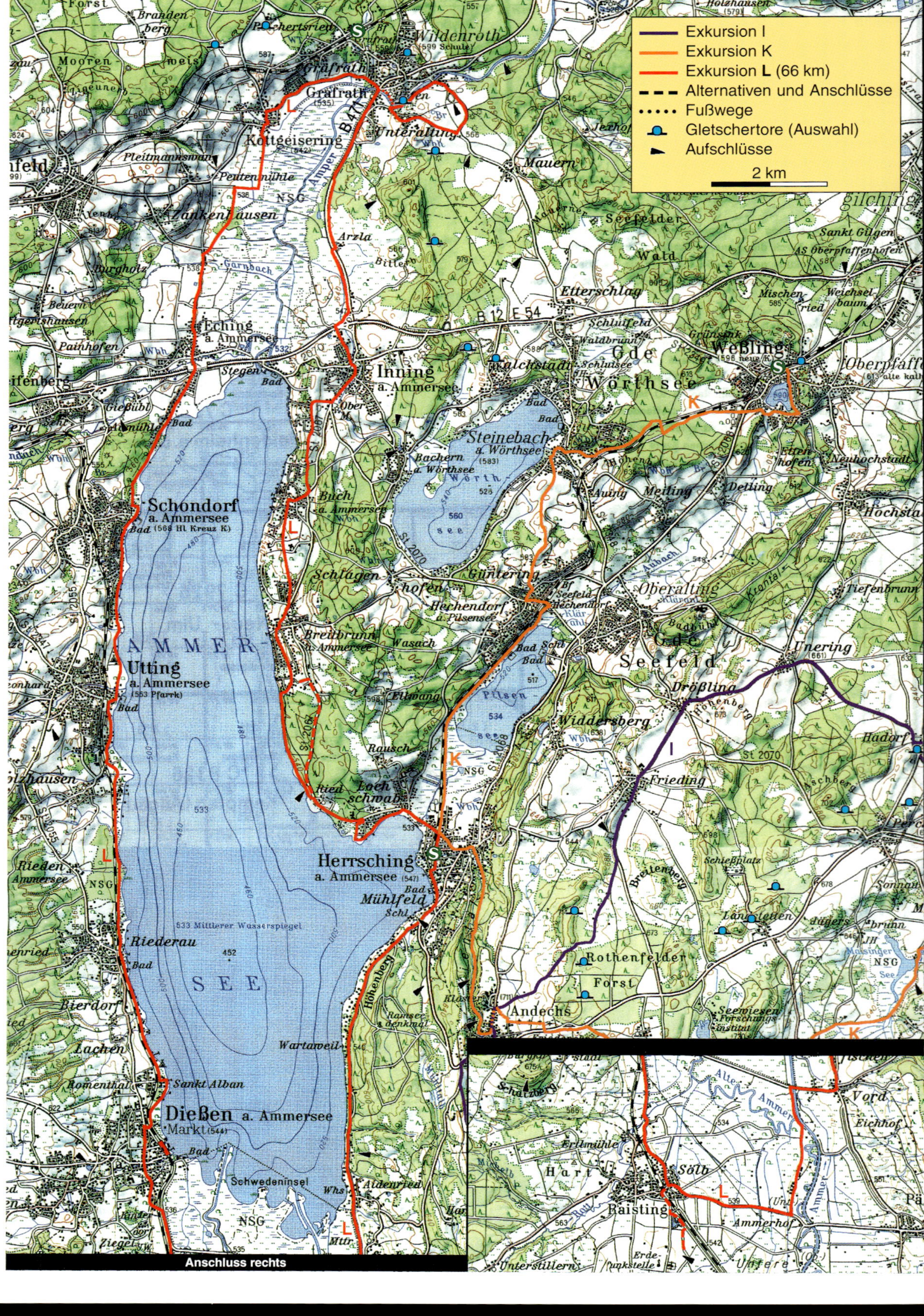
Exkursion I
Exkursion K
Exkursion L (66 km)
Alternativen und Anschlüsse
Fußwege
Gletschertore (Auswahl)
Aufschlüsse
2 km
Grafrath
Wildenroth
Kottgeisering
Eching a. Ammersee
Inning a. Ammersee
Steinebach a. Wörthsee
Weßling
Gde Wörthsee
Schondorf a. Ammersee
Utting a. Ammersee
AMMER
SEE
Herrsching a. Ammersee
Seefeld
Pilsen see
Hechendorf a. Pilsensee
Widdersberg
Frieding
Andechs
Riederau
Dießen a. Ammersee
Schwedeninsel
Raisting
Sölb
533 Mittlerer Wasserspiegel
Anschluss rechts

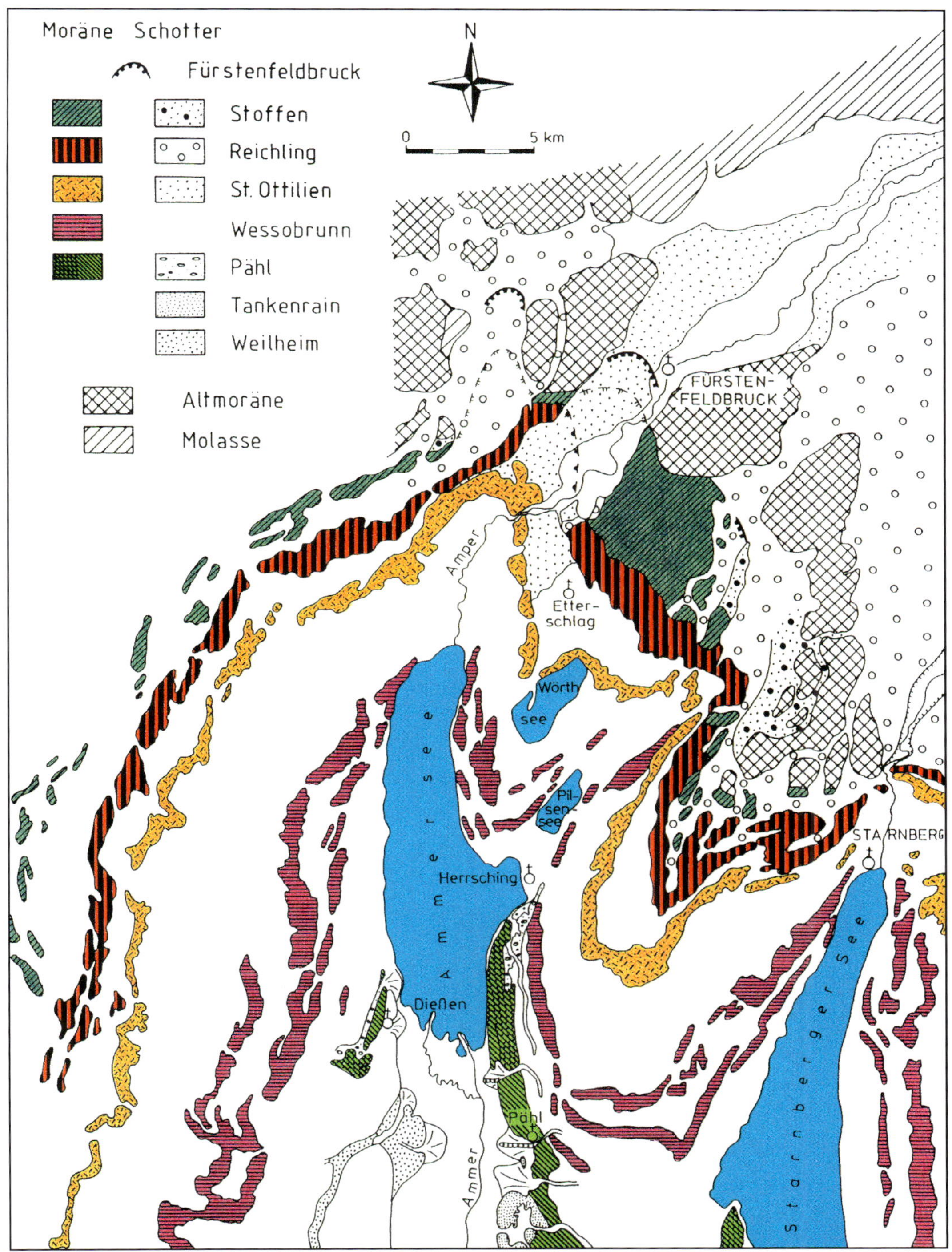

L3. Endmoränenkranz und Rückzugsmoränen des Ammersee-Gletschers samt zugehöriger Schotterfelder. – Nach Entwurf und Zeichnung L. Feldmann.

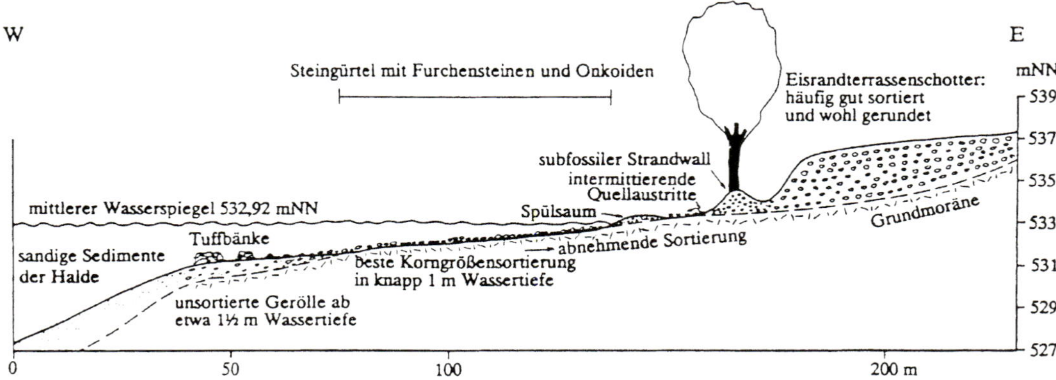

L4. Flaches Ammerseeufer südlich Breitbrunn mit altem Strandwall 2 m über dem heutigen Seespiegel. – Aus R. Kunz 1992.

sie sind aus vielen verkalkten Cyanophyceen-Krusten entstanden. Bei den ersten Häusern von Breitbrunn steigen wir zum inneren Moränenwall des Ammersee-Gletschers (Bucher Phase) empor und erreichen den Radweg, der von Herrsching über Rausch direkt nach Breitbrunn führt. Wir folgen ihm auf dem Moränenrücken nach Buch mit schönen Aus-
L7 blicken über den See. Am südöstlichen Ortsausgang erschloss eine Kiesgrube gröbere und feinere Schmelzwasserschotter, die zu einer peripheren Abflussrinne der Bucher Phase gehören, die Richtung Inning verlief. Dass diese Rinne eisrandnah war, beweisen
L5 Toteiskessel und Sackungsstrukturen in der Kiesgrube. Der Radweg folgt dem Moränenrücken nach Norden und biegt dann am Sportplatz von Inning nach Osten ab, hinunter

L5. Periphere Schmelzwasserrinne südlich Buch mit Toteiskessel; rechts Bucher Rückzugsmoräne. – Foto: R. Kunz.

L6. Das breite Inninger-Bach-Tal zwischen Obermühle und Bachern mit seinen terrassierten Hängen wurde von einem starken Schmelzwasserabfluss vom eiserfüllten Wörthsee her geschaffen. – Foto: R. KUNZ.

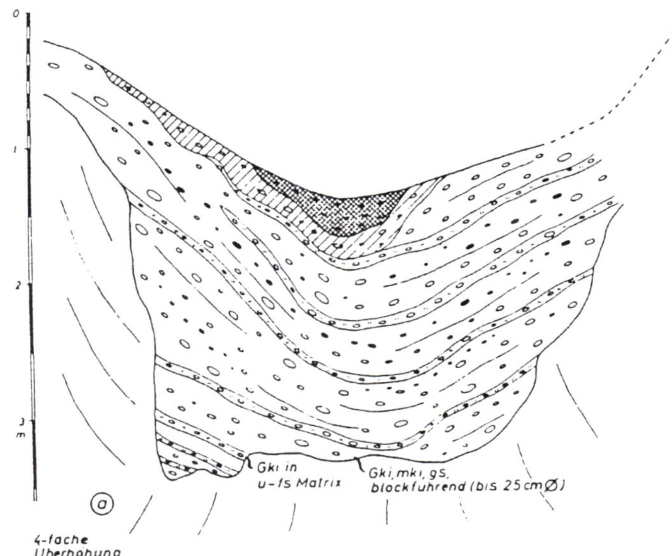

L7. Kiesgrube in gröberen und feineren Schmelzwasserschottern, die durch ausgeschmolzenes Toteis gesackt sind; Südostende von Buch. Vgl. L5. – Aus L. FELDMANN 1990.

in die Buch-Inninger Schmelzwasserrinne. Hier vor Inning mündet der Inninger Bach in
diese Schmelzwasserrinne. Er benützt einen breiten eiszeitlichen Abfluss von Bachern am L6
Wörthsee her, der auch von Gletscherwässern der Pilsensee-Zunge über das Steinebacher
Delta gespeist wurde. Die terrassierten Hänge beweisen seine allmähliche Eintiefung; in
Bachern sind nördlich und südlich des Tales ältere verfestigte Schotter und tertiäre Flinz- L8
sande unter der Moränendecke erschlossen.

L8. Verfestigte, schräggeschichtete Vorstoßschotter überlagert von Moräne; Kiesgrube Lautenbacher nördlich Bachern. – Foto: R. KUNZ.

L9. Amperufer 500 m nördlich vom Seeausfluss: Unter hellem Auenlehm folgen 0,5 m Torf und dann die helle Onkoidlage (weitgehend unter Wasser). – Foto: R. KUNZ.

L10. Eisrandschotter nordöstlich Stegen; im Hintergrund Ampermoos. – Foto: R. Kunz.
L11. Hochglaziale, gebänderte Seetone (Schluffe) mit Sackungsstrukturen und Schotterauflage in Grafrath (Baugrube in der Adalmuntstraße). – Foto: R. Kunz.

Von Inning folgen wir den breiten Eisrandterrassen an der B471 nach Norden über Gut Arzla nach Grafrath. Unmittelbar nördlich der Autobahnausfahrt an der Radwegunterführung waren unter 3–4 m Schmelzwasserschottern Eisstauseetone mit »drop-stones« (von Eisschollen herabgefallene Steine) erschlossen. Weit geht der Blick über das Ampermoor, den verlandeten Nordteil des Ammersees. Bezeichnend für die Eisrandterrassen sind die vielen Toteiskessel in den Schotterflächen und der geradlinige Rand zum ehemals von Toteis erfüllten Ammersee-Becken. 1 km nordöstlich Arzla liegt der sagenumwobene Teufelstein, ein Findling. Das Kloster Grafrath steht direkt am Nordende des Ammer- *L15*
Gletschers zur Zeit seiner Hauptausdehnung (Phase von St. Ottilien-Wildenroth). Von hier strömten die Gletscherwässer durch ein großes Gletschertor hinaus in die Schotterebene von Fürstenfeldbruck. Zunächst lag der Abfluss allerdings noch ca. 25 m höher im Niveau der Mauerner Schotterflur (bei 560 m). Mit dem Rückzug des Eises nach Inning und südlich des Wörthsees (Wessobrunner Phase) tiefte sich der Abfluss des entstehenden Gletschersees rasch bis zum heutigen Niveau ein, schuf den tiefen Amperdurchbruch und hinterließ nördlich davon die charakteristischen Terrassentreppen von Schöngeising.

Wir überqueren die Amper, fahren im Amperdurchbruch nach Südosten, queren auf *L14*
einem Holzsteg wieder die Amper und erklimmen in Unteralting den hohen Haupt-Endmoränenwall der Phase von St. Ottilien-Wildenroth beim Wasserbehälter.

L 12. Quelle St. Ulrich am Amperdurchbruch.

L 13. Ausblick vom Wasserbehälter Unteralting auf die Endmoränen von Wildenroth mit Amperdurchbruch (rechts) und Ampermoor, dahinter Kottgeisering (links). – Fotos: L. FELDMANN.

L 14. Amperdurchbruch am Holzsteg in Grafrath.

L15. Kloster Grafrath am Gletschertor.

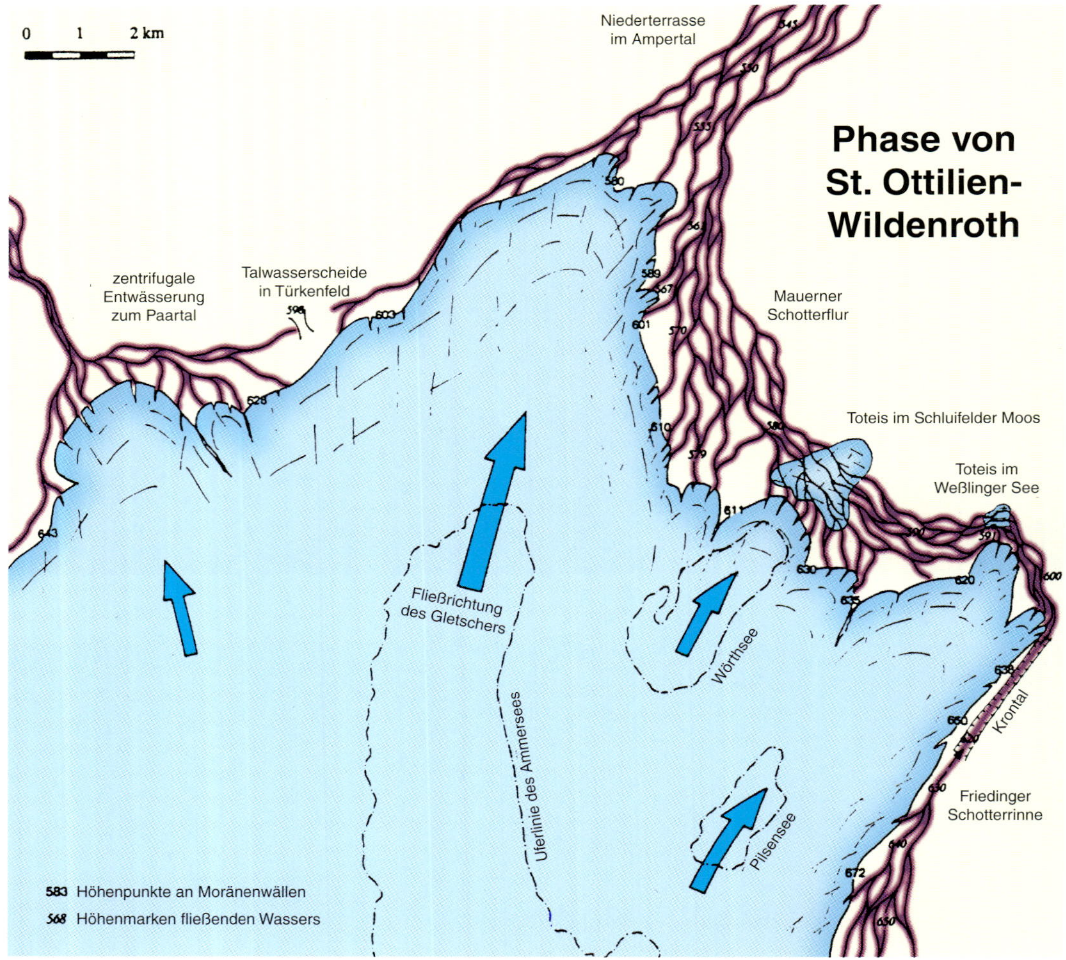

L16. Der Ammersee-Gletscher an den Endmoränenwällen von St. Ottilien-Wildenroth mit den vielen breiten, verflochtenen Schmelzwasserabflüssen an seinem Ostrand zwischen Frieding und Mauern. – Nach KUNZ *1992.*

L13 Von hier hat man einen umfassenden Blick auf den Amperdurchbruch im Norden und das weite Ampermoor im ehemaligen Gletscherbecken im Westen. Im Südosten liegt die große Abflussrinne von Mauern, welche die zahlreichen peripheren Schmelzwässer sammelte, bis von Weßling und Frieding her. Sie enthält riesige Toteiskessel wie den Weßlinger See oder das Schluifelder Moos und zahlreiche kleinere. Die mächtigen Schotterablagerungen dieser Abflussrinne sind vor Mauern und zwischen Mauern und Etterschlag erschlossen.
Vom Hochbehälter fahren wir nach Osten auf die Mauerner Schotterterrasse hinunter,
L24 vorbei an großen Toteislöchern und biegen dann nach Norden auf die Straße nach Wildenroth ab. Im Osten steigen die bewaldeten Moränenwälle der Wolfszange empor, die zum äußeren Endmoränenwall von Reichling-Schöffelding-Mauern gehören. Über die Terrassentreppen geht es hinunter zum Amperdurchbruch und südlich der Amper entlang nach Grafrath.

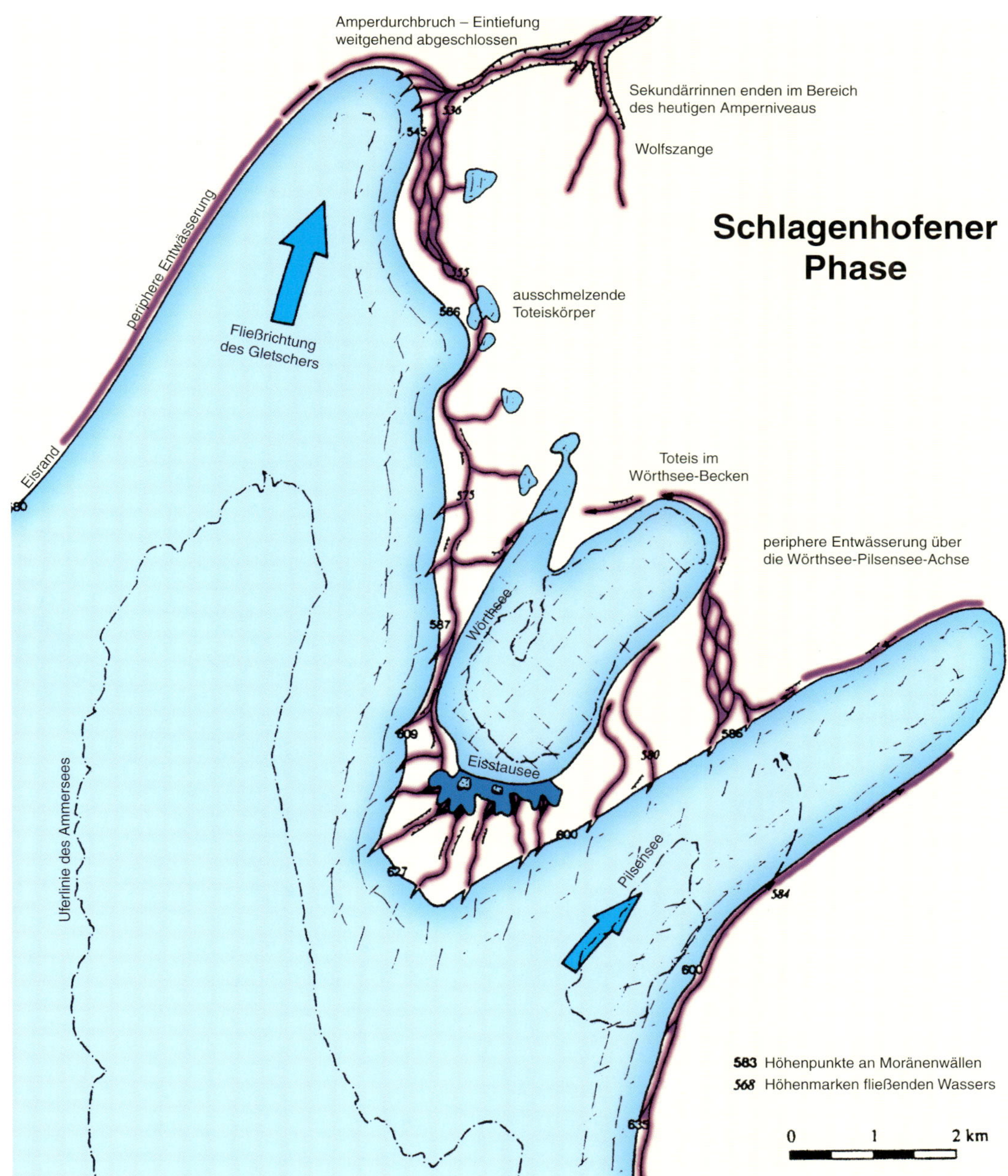

L17. Der Gletscher zieht sich während der Schlagenhofener Phase (? äußere Wessobrunner Phase) schon etwas in das Ammersee-Pilsensee-Becken zurück; das Wörthsee-Becken wird vom Gletscher ganz abgekoppelt. Im Wörthsee verbleibt eine große Toteismasse, die nur langsam abschmilzt und an deren Südrand bei Schlagenhofen sich die Schmelzwässer in einem Eisstausee sammeln. Von dort fließen sie eisrandparallel nach Norden Richtung Grafrath und schneiden den schmalen Amperdurchbruch bis Schöngeising ein. – Nach Kunz *1992.*

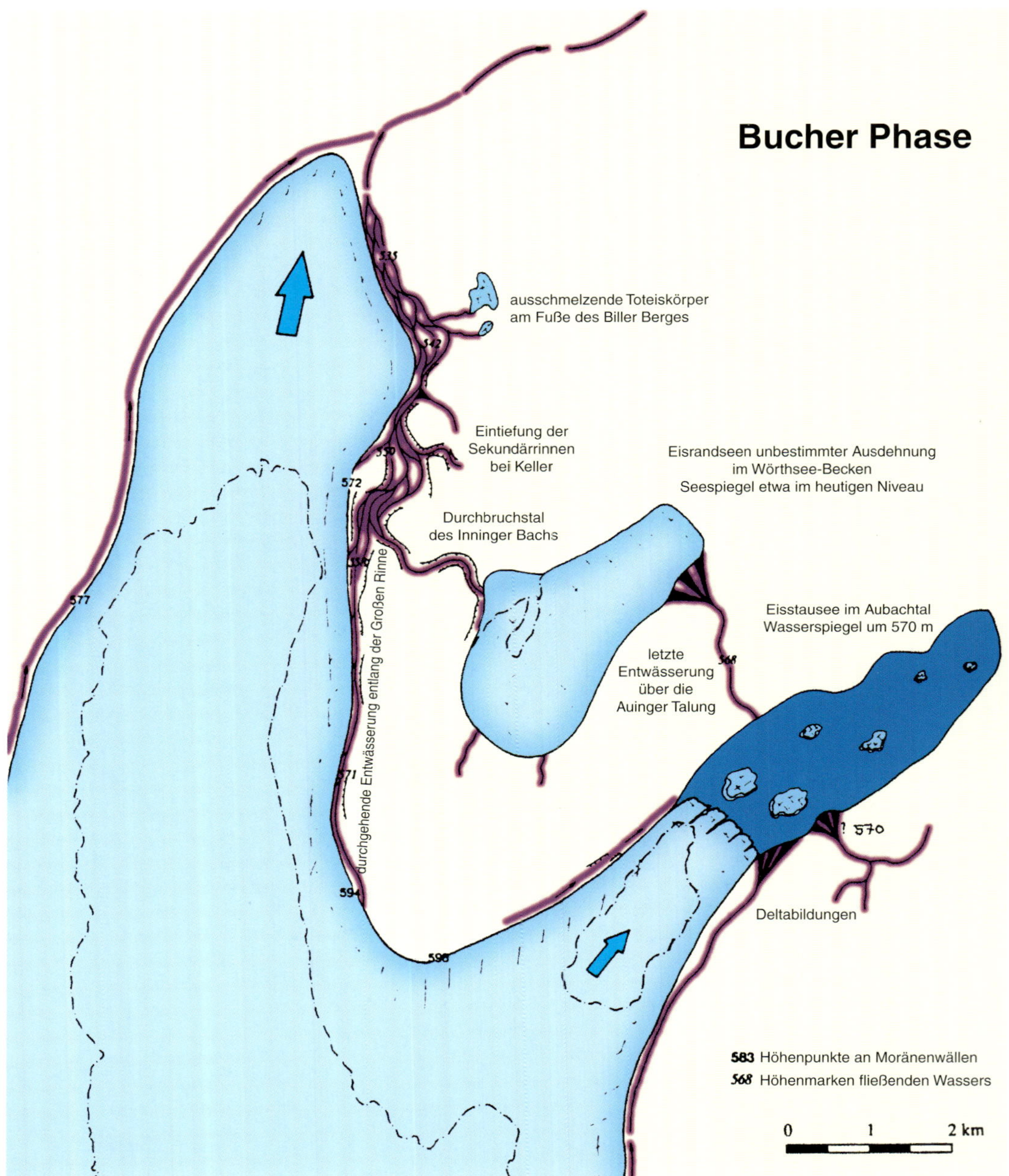

L18. Der Gletscher hat sich nun (z. Zt. der Bucher Phase = innere Wessobrunner Phase) schon bis an die Flanke des Zungenbeckens zurückgezogen. Die peripheren Schmelzwässer fließen von Breitbrunn über Buch und Inning zur Arzlaer Schotterflur und nach Grafrath. Es bildet sich das Durchbruchstal des Inninger Baches vom Wörthsee her, der auch durch einen Überlauf über die Auinger Talung vom Eisstausee im Pilsenseetal gespeist wird. Dieser Eisstausee muss aufgrund der Deltaschotter bei Seefeld und dem Überlauf an der Bahnlinie bei Auing einen Seespiegel von etwa 570 m NN gehabt haben. – Nach Kunz *1992.*

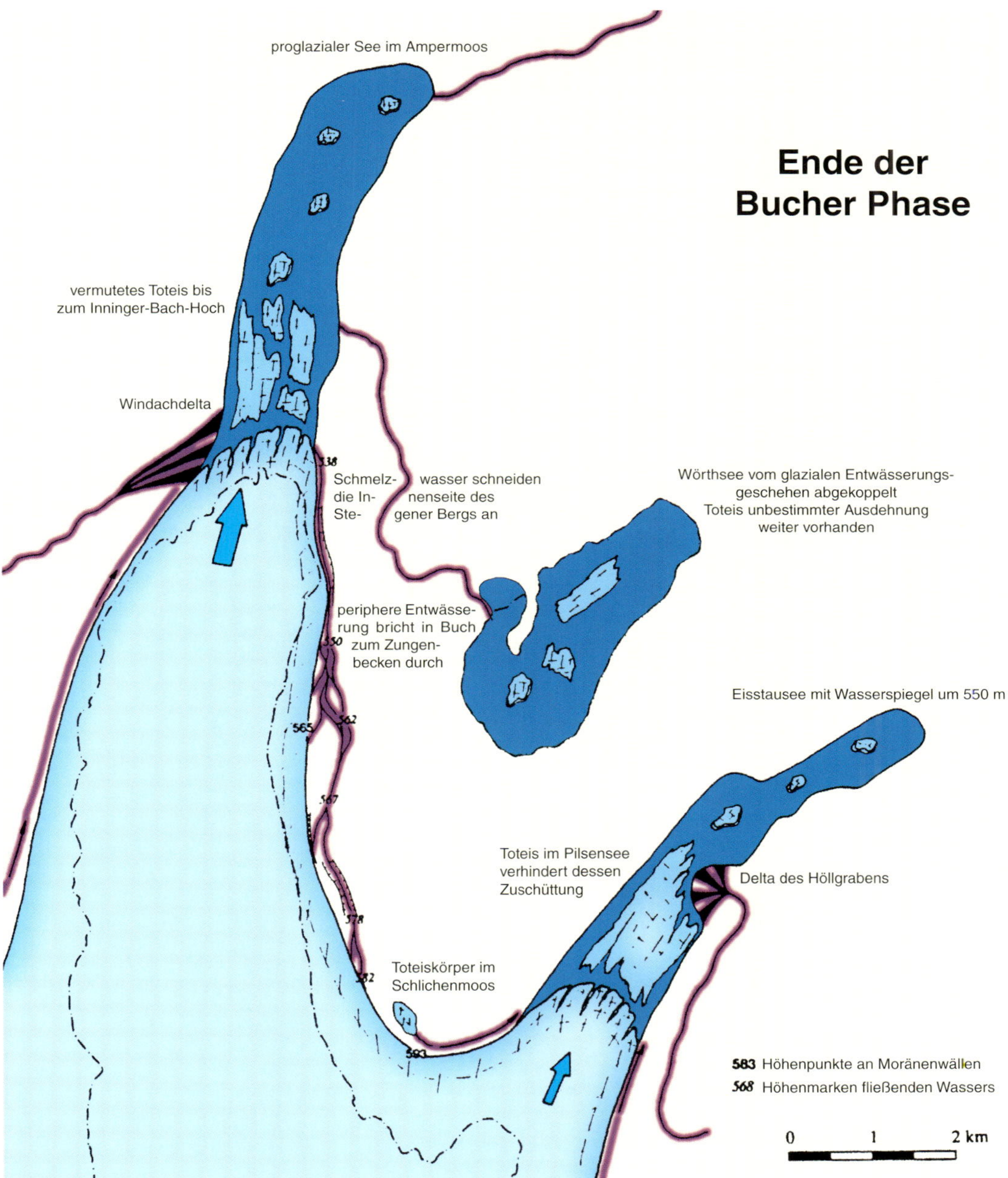

L19. Das Eis ist nun auch im Ammersee-Becken so weit abgesunken, dass sich im Nordteil ein See bildet, in den der Inninger Bach mündet. Die eisrandnahen Schmelzwässer brechen bei Buch zum Zungenbecken durch und unterspülen die steile Innenflanke des Moränenwalles Richtung Stegen. Im Pilsensee weicht die Gletscherfront rasch zurück. Das Delta des Höllgrabens südlich Seefeld markiert einen Seespiegel von 540–545 m NN. – Nach KUNZ *1992.*

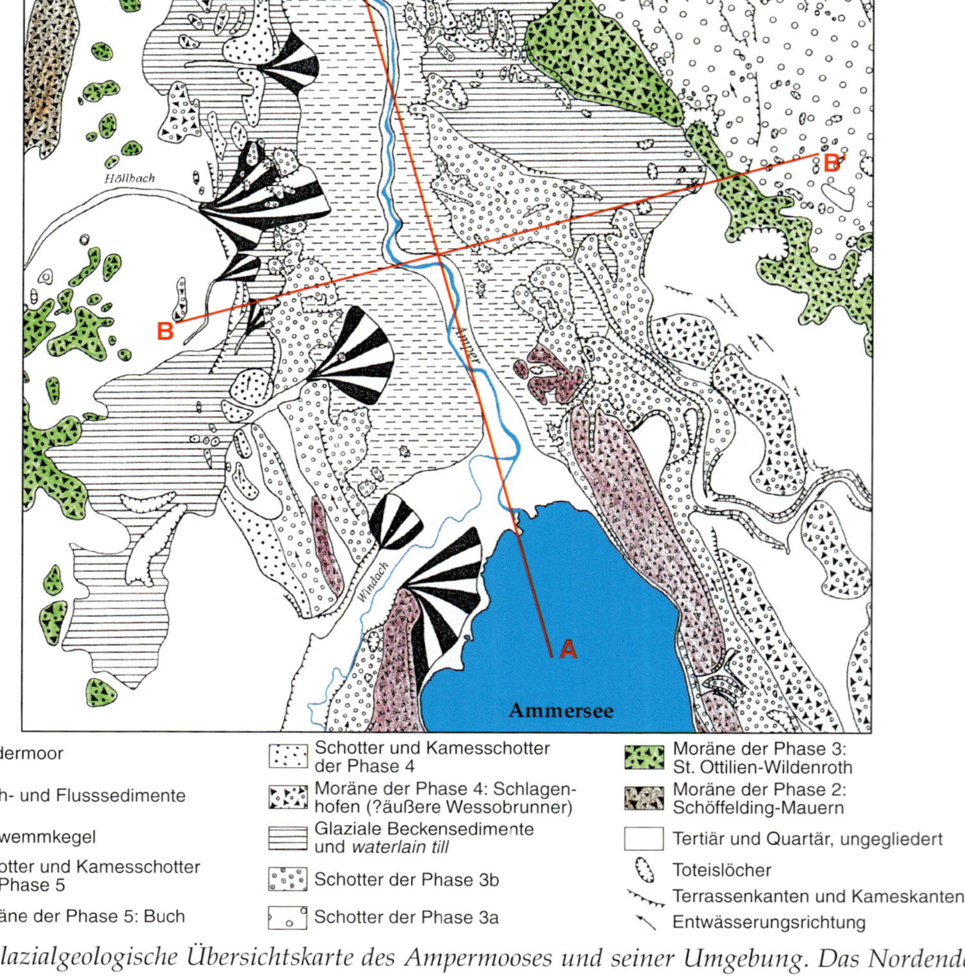

L20. Glazialgeologische Übersichtskarte des Ampermooses und seiner Umgebung. Das Nordende des Ammersee-Beckens wird beiderseits von höheren Eisstauseetonen und Eisrand-Schotterterrassen mit Toteiskesseln begleitet. Eine damals noch bis Grafrath reichende Gletscherzunge hat sie aufgestaut. Erst mit deren Abschmelzen entstand langsam der Ammersee mit kaum erhöhtem Seespiegel. – Nach Entwurf und Zeichnung R. Kunz.

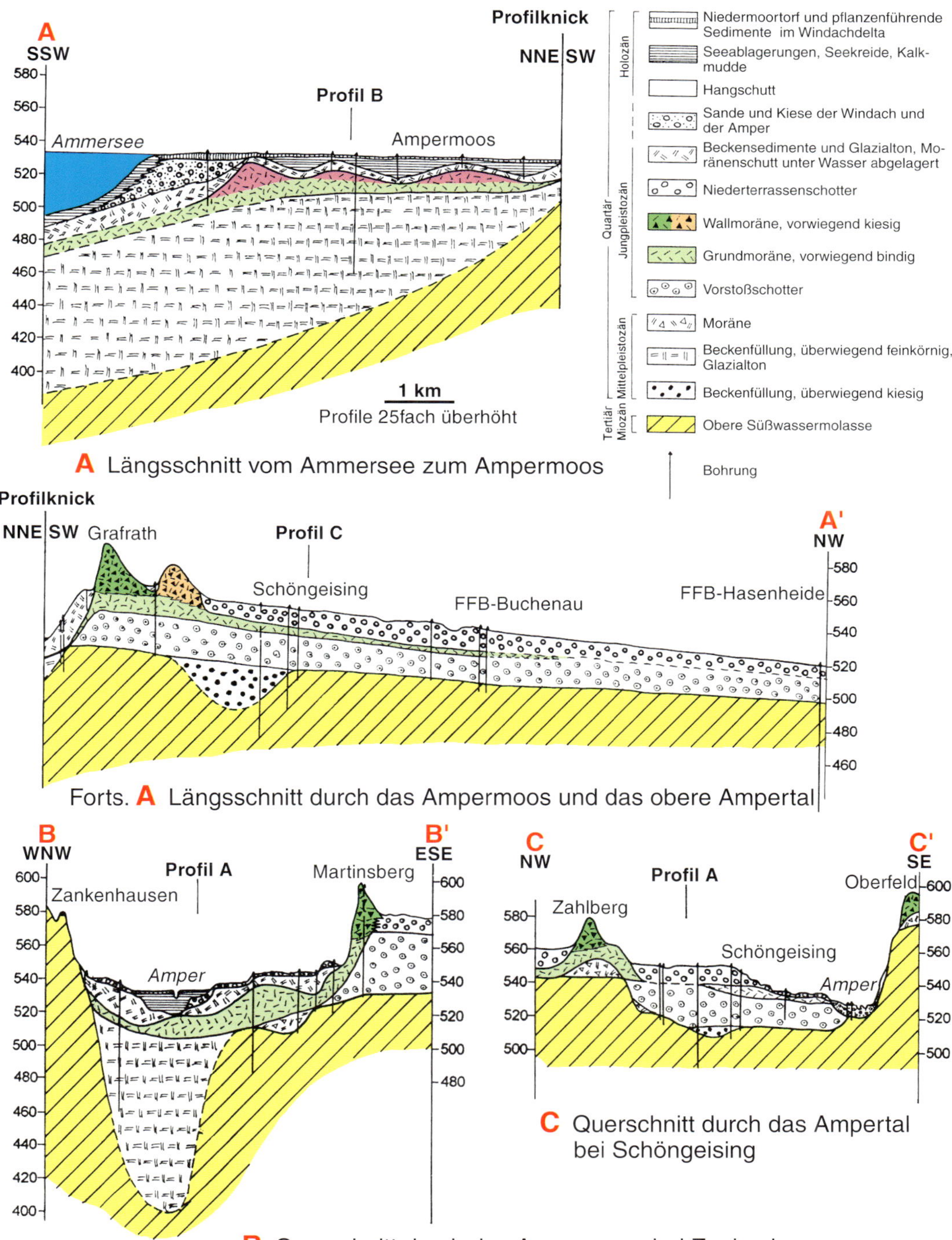

L21. Schnitte durch das Ampermoos und Ampertal. Die Lage der Schnitte ist in den Abbildungen L20 und L22 eingetragen. – Nach Zeichnung R. Kunz.

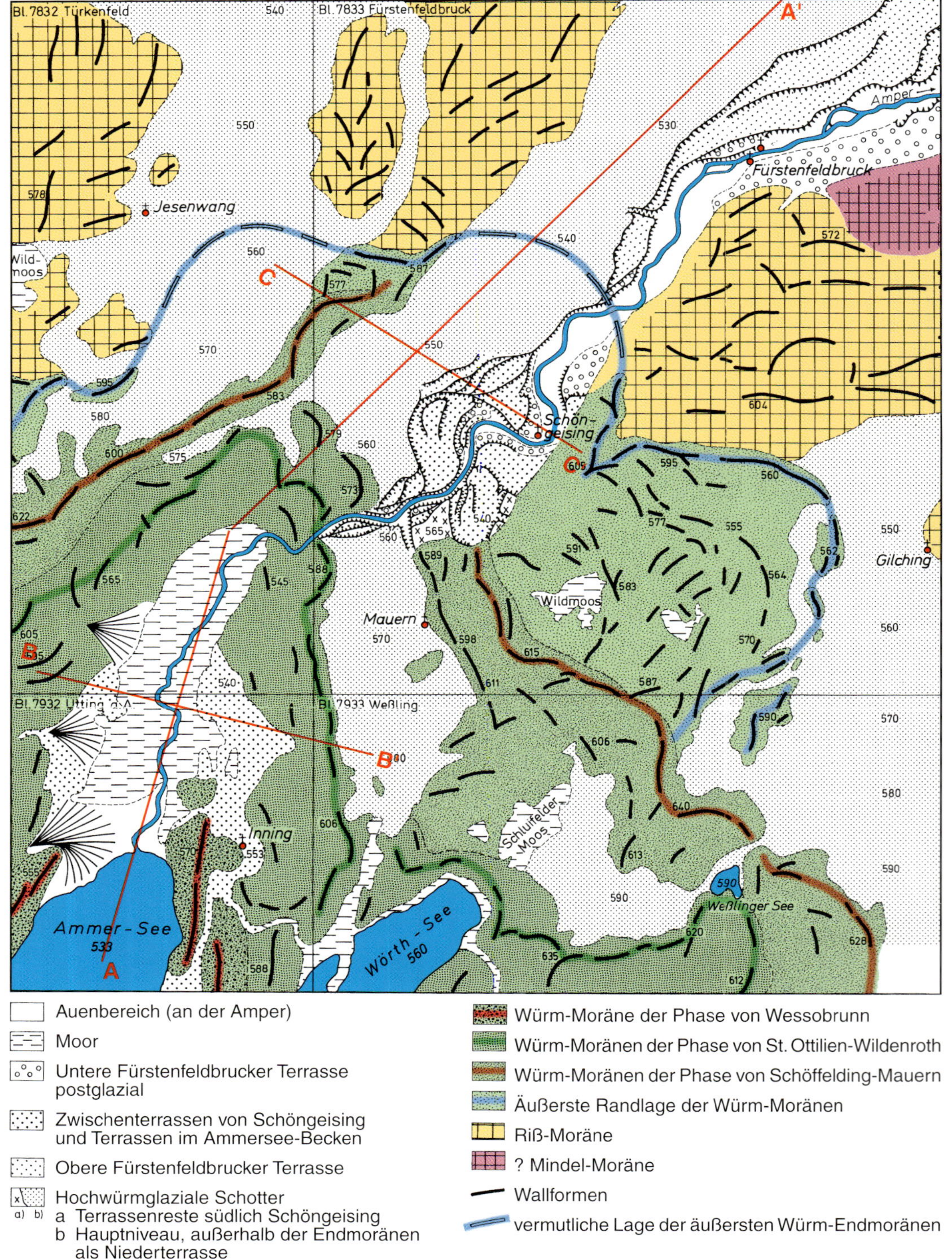
Bl. 7832 Türkenfeld
Bl. 7833 Fürstenfeldbruck
Bl. 7932 Utting a. A.
Bl. 7933 Weßling
A'
A
B
C
Jesenwang
Wild-moos
Fürstenfeldbruck
Amper
Schön-geising
Gilching
Mauern
Wildmoos
Inning
Schluifelder Moos
Weßlinger See
Ammer-See
533
Wörth-See
560
Auenbereich (an der Amper)
Moor
Untere Fürstenfeldbrucker Terrasse postglazial
Zwischenterrassen von Schöngeising und Terrassen im Ammersee-Becken
Obere Fürstenfeldbrucker Terrasse
Hochwürmglaziale Schotter
a) b)
a Terrassenreste südlich Schöngeising
b Hauptniveau, außerhalb der Endmoränen als Niederterrasse
Schwemmkegel
Würm-Moräne der Phase von Wessobrunn
Würm-Moränen der Phase von St. Ottilien-Wildenroth
Würm-Moränen der Phase von Schöffelding-Mauern
Äußerste Randlage der Würm-Moränen
Riß-Moräne
? Mindel-Moräne
Wallformen
vermutliche Lage der äußersten Würm-Endmoränen
2 km

L 23. Ehemalige Kiesgrube zwischen Unteralting und Mauern in schräggeschichteten glazifluviatilen Schottern über ungeschichteten, blockreichen Moränenschottern (unten). – Foto: L. Feldmann.

L 24. Toteiskessel in der Mauerner Schotterfläche östlich Unteralting. Im Hintergrund Mauern vor den bewaldeten äußeren Moränenzügen. – Foto: L. Feldmann.

◁ *L 22. Glazialgeologisches Übersichtskärtchen des Nordendes des Ammersee-Gletschers mit den sich zurückziehenden Endmoränengirlanden. Die beiden äußersten Würm-Moränen werden durch die Schmelzwässer der Phase St. Ottilien-Wildenroth z. T. wieder abgetragen. Es bilden sich weite Niederterrassen-Schotterflächen vor den zahlreichen Gletschertoren. Mit dem Rückzug des Gletschers ins Ammersee-Becken (Wessobrunner Phase) bleibt nur noch ein Abfluss bei Grafrath; er schneidet sich rasch in die Niederterrasse ein und bildet den Amperdurchbruch mit der Terrassentreppe von Schöngeising. – Nach Grottenthaler 1980.*

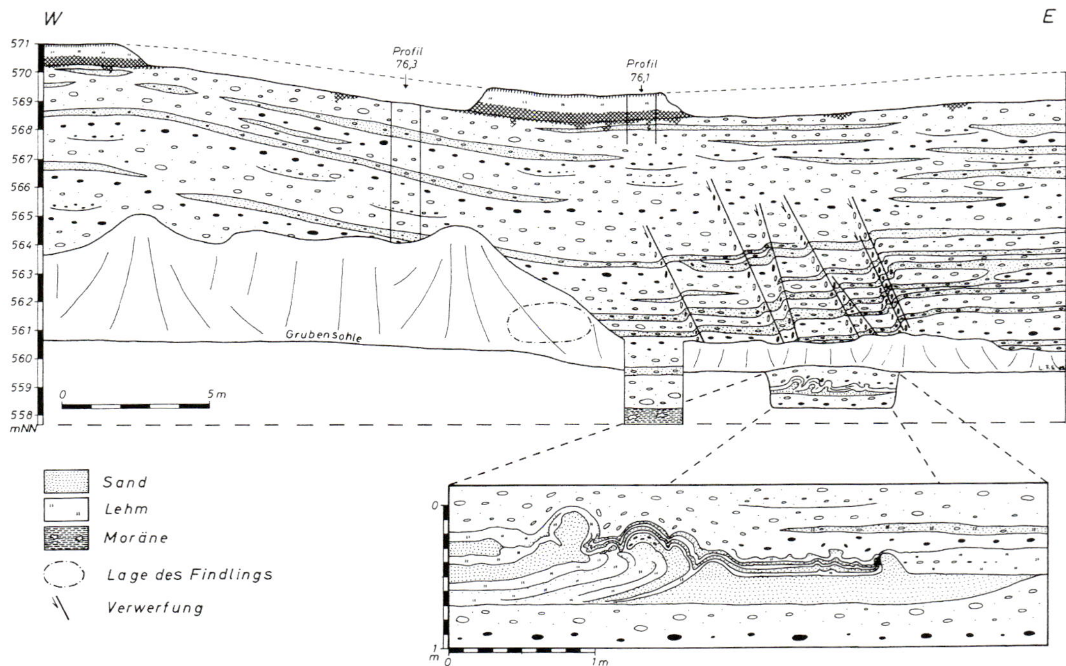

L25a. Skizze der Kiesgrube zwischen Etterschlag und Mauern. Das Hakenschlagen der Schichten durch ausgeschmolzenes unterlagerndes Toteis ist auch jetzt noch zu sehen (Grube in Auffüllung). Toteiskessel liegen ringsum. – Nach Feldmann *1990.*

L25b. (links). Hakenschlagen der feinsandigen Zwischenlagen. – Foto: L. Feldmann.
L25c. (rechts). An der Basis der Grube war früher eine feingeschichtete Feinsandlage aufgeschlossen, die oben kryoturbat (durch Frosteinwirkung) verfaltet war (siehe Skizze oben). – Foto: L. Feldmann.

L26. Kreuzgeschichteter tertiärer Flinzfeinsand unter dünner Moränendecke an der Autobahnausfahrt Greifenberg westlich Eching. – Foto: G. DOPPLER.

L27. Schottergrube südwestlich Utting: Ungeschichtete, schluffreiche, gelbe Moränenablagerungen (hinter Person) sind von z.T. schräggeschichteten Schmelzwasserschottern überschüttet. – Foto: F. WOLF.

L28. Kiesgrube Jais an der Autobahn westlich Gilching. Die Blockmoräne über Vorstoßschottern läuft nach Osten (rechts) in den Schmelzwasserschottern aus.

Von hier folgen wir dem Innenrand der Endmoräne nach Kottgeisering. Über weitere
L10 Eisrandschotter-Terrassen und Eisstausee-Tone geht es am Westrand des Ampermooses nach Eching. Dort mündet die Windach, die sich ebenfalls aus periglazialen Schmelzwasserabflüssen entwickelt hat, mit einem großen Delta in den vor dem zurückziehenden
L26 Gletscher entstehenden Ammersee (s. Einleitung). Beim Bau der Autobahn waren westlich von Eching die tertiären Flinzsande und die überlagernden Moränen gut erschlossen. Die Windach selbst durchschneidet die Eisrandterrasse von Gießübel bis in das Tertiär, das an der Aumühle freigelegt ist.

Von Eching fahren wir nach Süden Richtung Schondorf am Ammersee entlang dem Innenrand der Rückzugsmoräne. Die Orte liegen am flachen Ammersee-Westufer auf jungen Schuttkegeln der einmündenden Bäche. Auf der
L27 Höhe südwestlich von Utting lag eine große Kiesgrube in Schmelzwasserschottern, die sich dort mit den östlich gelegenen Moränenablagerungen verzahnen. Wir folgen weiterhin dem Ammersee-Uferweg entlang der Bahn

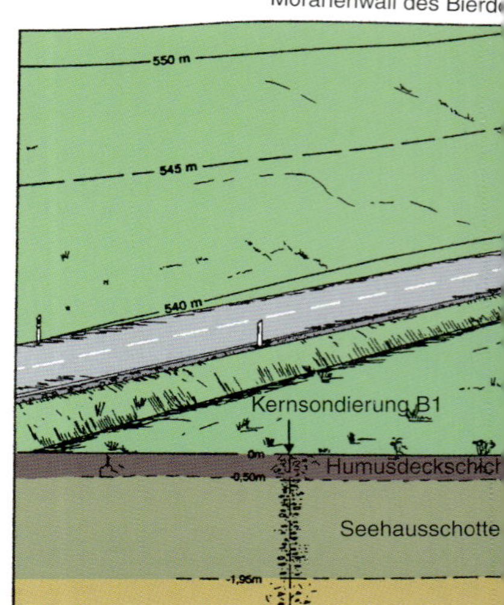

L29. Blockbild des Ammerseeufers bei der Seehaus-Baugrube 600 m südlich des Bahnhofes Riederau. Glaziale Seetone werden von den Schottern der Eisrandterrasse von Seehaus überlagert. – Nach WOLF *1989.*

nach Süden, durchqueren das Naturschutzgebiet Seeholz (Eichen-Hainbuchen-Wald),
dann die Enzianwiesen vor Riederau, das auch auf einem kleinen Schuttkegel liegt. Südlich
davon beginnt wieder eine Eisrandterrasse, die beim Bau des Seehauses über glazialem L29
Seeton angeschnitten war. Sie zieht sich bis nach Dießen hin. Oberhalb des Ortes, am
Weiher von St. Georgen, stehen junge Kalktuffbänke an. Südlich von Dießen ist der Ammersee verlandet. Das Becken ist mit über 100 m mächtigen riß- und spätwürmzeitlichen
Seetonen gefüllt und von Mooren bedeckt. Auch unter dem bis 80 m tiefen Ammersee
werden noch mächtige Seetone vermutet. Bei Raisting schob sich zur Zeit der Tankenrainer L30
Rückzugsphase ein großes Schotterdelta in den Eisstausee am Südrand des Ammersee-
Toteises. Südlich Raisting an der Erdfunkstelle lag eine große Kiesgrube, welche die
schräggeschichteten Deltaschotter zeigte. Das eben geschichtete Dach darüber liegt bei L33
550 m und markiert damit den Wasserspiegel des Eisstausees.

Wir überqueren das weite Moor von Raisting Richtung Pähl, fahren westlich des Ammerkanals nach Norden, überschreiten die alte Ammer und können dem Kanal bis zu seiner Mündung im Vogelschutzgebiet folgen. Dort kommt es durch den Antransport von großen Schwebstoffmassen und Schottern zur raschen Verlandung des Sees mit Vorbau eines Deltas. Das alte Ammerdelta hätte den Ort Dießen in kurzer Zeit vom See abgeschnitten. Über Vorderfischen fahren wir nach Aidenried entlang der Pähler Moräne.
Unter ihr waren nördlich von Aidenried mächtige Vorstoßschotter mit viel Kristallingeröl- L31
len in einer großen, bis 30 m tiefen Kiesgrube erschlossen. Sie zeigten durch das schnell L32
strömende Wasser weitgehend eben abgelagerte Schotterkörper mit stellenweise interner Schrägschichtung. Im Südosten waren nach Norden gerichtete Kleinrinnen angeschnitten. Feingeschichtete Sande sind stellenweise eingelagert; z. T. sind die Schotter kalkig verfestigt. Die überlagernde lehmige Moräne überdeckt die Schotter seewärts abfallend. Wir fahren nun auf der Eisrandterrasse 15 m über dem See nach Norden über Wartaweil nach Herrsching, unserem Ausgangspunkt, zurück. Auf dem Mühlfeld vor Herrsching liegen darauf mächtige nacheiszeitliche Kalktuffe, die ihre Entstehung starken Quellaustritten über dem Tertiär südlich des Brauereigasthofes verdanken.

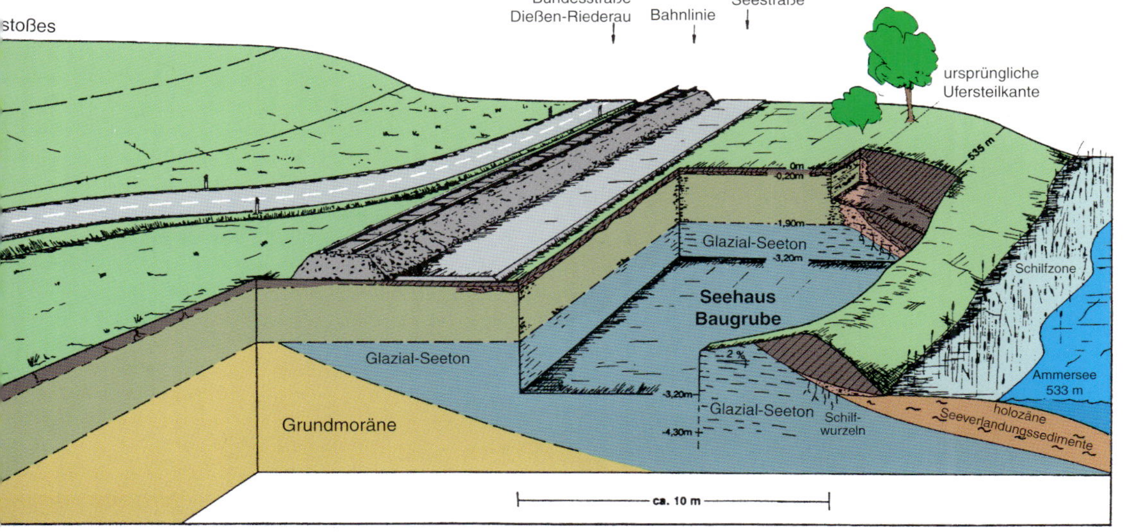

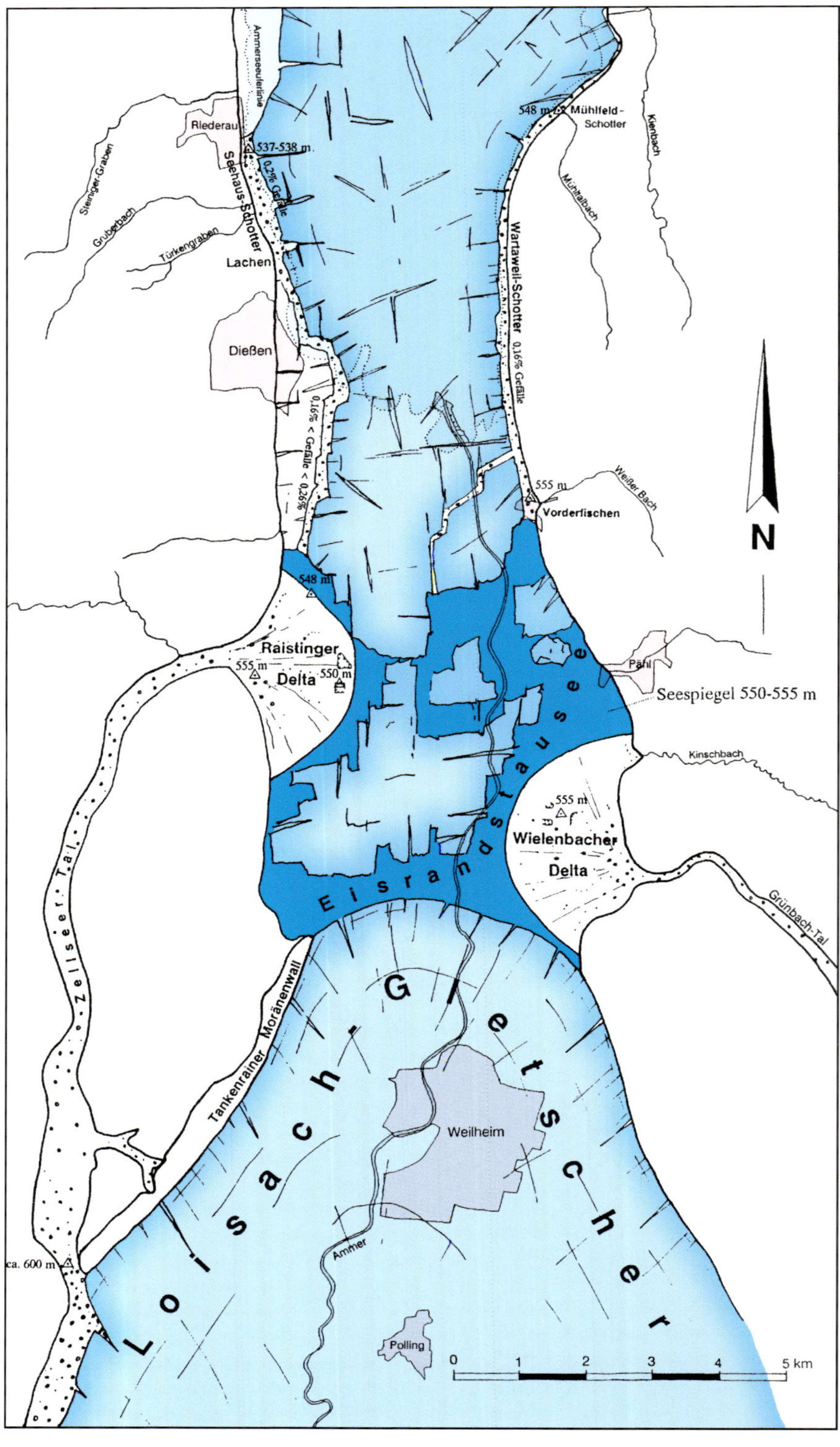

Ammerseeuferlinie
Riederau
537-538 m
Seehaus-Schotter
0,2% Gefälle
Steinger-Graben
Gruberbach
Türkengraben
Lachen
Dießen
0,16% < Gefälle < 0,26%
548 m
Mühlfeld-Schotter
Kienbach
Mühltalbach
Wartaweil-Schotter
0,16% Gefälle
555 m
Weißer Bach
Vorderfischen
N
548 m
Raistinger
555 m
Delta
550 m
Pähl
Eisrandstausee
Seespiegel 550-555 m
Kinschbach
555 m
Wielenbacher
Delta
Grünbach-Tal
Zellseer Tal
Tankenrainer Moränenwall
Loisach-Gletscher
Weilheim
Ammer
ca. 600 m
Polling
0
1
2
3
4
5 km

L31a. Unter einer dünnen lehmigen Moräne liegen mächtige Vorstoßschotter, deren meist ebene Schüttungskörper z. T. interne Schrägschichtung aufweisen. Kiesgrube nördlich Aidenried.

L31b. Die Südostwand der Grube Aidenried zeigt Querschnitte durch nach Norden gerichtete Kleinrinnen innerhalb der Schüttungskörper (Bildmitte).

◁ *L30. Die Loisach-Gletscherzunge kalbt zur Zeit der Tankenrainer Rückzugsphase in einen Eisrandstausee. Ihre seitlichen Schmelzwasserabflüsse schütten die Schotterdeltas von Raisting und Wielenbach in den See. Im Ammersee selbst liegt eine abschmelzende große Toteismasse, an deren Rändern die Eisrandterrassen von Seehaus und Wartaweil aufgeschottert werden. – Nach* WOLF *1989.*

L32. Eingelagert in die groben kristallinreichen Schotter der Grube Aidenried sind dünne feingeschichtete Feinsandlagen mit »Dropstones« (Steinlagen).

L33. Schräge Schüttungskörper des Schotterdeltas von Raisting. Kiesgrube südlich Raisting. – Foto: L. Feldmann.

4. Literatur

Über die Eiszeit im Bayerischen Voralpenland gibt es eine Fülle von Schriften, die hier nicht alle aufgeführt werden können. Eine vollständige Liste bringt JERZ 1993a in seinem umfangreichen Buch »Das Eiszeitalter in Bayern«.

AMMON, L. v. (1894): Die Gegend von München. – Festschr. Geogr. Ges. München zu ihrem 25jährigen Bestehen: 1–152, 1 geol. Übersichtskt. 1:250000; München.

– (1899): Geologische Bilder aus der Münchner Gegend. – Geognost. Jh. **12**: 109–129; München.

– (1901): Über Conchylien aus Münchner Schotterablagerungen und über erratische Blöcke. – Geogn. Jh. **14**: 1–22; München.

BADER, K. (1979): Exarationstiefen würmeiszeitlicher und älterer Gletscher in Südbayern. – Eiszeitalter u. Gegenwart, **29**: 49–61; Hannover.

– (1982): Die Verbauung von Ur-Isartälern durch die Vorlandvergletscherungen als Teilursache der anomalen Schichtung des Quartärs in der Münchener Schotterebene. – Mitt. Geogr. Ges. München, **67**: 5–20; München.

BAUMANN, H. J. (1988): Bruchvorgänge in Folge der Isareintiefung südlich Münchens und die kritischen Höhen der Talhänge. – Schriftenreihe Lehrst. f. Grundbau, Bodenmechanik u. Felsmechanik d. TU München, **12**: 287 S.; München.

BAYERISCHES GEOLOGISCHES LANDESAMT MÜNCHEN [Hrsg.] (1996): Erläuterungen zur Geologischen Karte von Bayern 1:500000. – 4. neubearb. Aufl.: 329 S., 67 Abb., 8 Beil.; München.

BLUDAU, W. & FELDMANN, L. (1994): Geologische, geomorphologische und pollenanalytische Untersuchungen zum Toteisproblem im Bereich der Osterseen südlich von Seeshaupt (Starnberger See). – Eiszeitalter u. Gegenwart, **44**: 114–128; Hannover.

BÖGEL, H. & SCHMIDT, K. (1976): Kleine Geologie der Ostalpen. – 231 S., Ott Verlag, Thun.

DOBEN, K. (1976): Geologische Karte von Bayern 1:25000, Erläuterungen zum Blatt Nr. 8433 Eschenlohe. – 96 S.; München (Bayer. Geol. L.-Amt).

– (1985): Geologische Karte von Bayern 1:25000, Erläuterungen zum Bl. 8334 Kochel a. See. – 134 S.; München (Bayer. Geol. L.-Amt).

– (1991): Geologische Karte von Bayern 1:25000, Erläuterungen zum Bl. 8335 Lenggries. – 120 S.; München (Bayer. Geol. L.-Amt).

– (1993): Geologische Karte von Bayern 1:25000, Erläuterungen zum Bl. 8434 Vorderriß. – 73 S.; München (Bayer. Geol. L.-Amt).

DOBEN, K. & FRANK, H. (1983): Geologische Karte von Bayern 1:25000, Erläuterungen zum Bl. 8333 Murnau. – 151 S.; München (Bayer. Geol. L.-Amt).

DOPPLER, G. & JERZ, H. (1995): Untersuchungen im Alt- und Ältestpleistozän des bayerischen Alpenvorlandes – Geologische Grundlagen und stratigraphische Ergebnisse. – Geologica Bavarica **99**: 7–53, München.

DREESBACH, R. (1985): Sedimentpetrographische Untersuchungen zur Stratigraphie des Würmglazials im Bereich des Isar-Loisachgletschers. – Diss. Univ. München: 176 S.; München.

– (1986): Zur Lithostratigraphie des Würmglazials im Gebiet des Isar-Loisach-Gletschers/ Oberbayern. – Z. dt. geol. Gesell., **137**: 553–572, Hannover.

EBERS, E. (1926): Das Eberfinger Drumlinfeld. Eine geologisch-morphologische Studie. – Geogn. Jh., **39**: 47–86, 1 geol. Kt. 1:25000; München.

– (1934): Die Eiszeit im Landschaftsbilde des bayerischen Alpenvorlandes. – 167 S.; München (Beck).

– (1959): Eiszeitliches Wander- und Wunderbüchlein fürs Bayerische Alpenvorland. – Bund Naturschutz in Bayern: 136 S.; München.

FELDMANN, L. (1990): Jungquartäre Gletscher- und Flußgeschichte im Bereich der Münchener Schotterebene. – Diss. Univ. Düsseldorf: 355 S., 5 Beil.; Düsseldorf.

– (1991): Die Entwicklung der Münchener Ebene seit der Rißeiszeit. – Mitt. Geogr. Ges. München, **76**: 23–38; München.

– (1992): Ehemalige Ammerseestände im Hoch- und Spätglazial des Würm. – Eiszeitalter u. Gegenwart, **42**: 52–61; Hannover.

– (1995): Landschaftsgeschichte um Oberhausen. – In: RUZICKA, H.: Heimatbuch Oberhausen.

FRANK, H. (1979): Glazial übertiefte Täler im Bereich des Isar-Loisach-Gletschers. – Eiszeitalter u. Gegenwart, **29**: 77–99, 2 Taf.; Hannover.

FRANK., H., JUNG, W. & WERNER, W. (1983): Geologie rechts und links der Isar. Ein Streifzug durch Jahrmillionen. In: PLESSEN, M.-L. (Hrsg.): Die Isar. Ein Lebenslauf. – 15–32; München (Münchner Stadtmuseum).

FREUNDE DER BAYERISCHEN STAATSSAMMLUNG FÜR PALÄONTOLOGIE UND HISTORISCHE GEOLOGIE [Hrsg.] (1987): Der Eiszeit auf der Spur. Mit Beiträgen von JUNG, W., HEISSIG, K., ZIEGELMAYER, G., HEISSIG, K., & BREDOW, B. R. – Sonderdruck aus dem Katalog der Mineralientage München 1987: 97–144; München.

– (1978): Sand Kies und Knochen. Aus Münchens Erdgeschichte. – 40 S., 142 Abb., München.

FUSCHLBERGER, E. (1988): Geologische und hydrogeologische Untersuchungen im Gebiet um das Pilsensee/Aubachtal am Nordostufer des Ammersees. – Dipl.-Arb. TU München: 121 S., München.

GAREIS, J. (1978): Die Toteisfluren des Bayerischen Alpenvorlandes als Zeugnis für die Art des spätwürmzeitlichen Eisschwundes. – Würzburger Geogr. Arb., **46**: 102 S.; Würzburg.

GROTTENTHALER, W. (1980): Geologische Karte von Bayern 1:25 000, Erläuterungen zum Blatt Nr. 7833 Fürstenfeldbruck. – 82 S., 1 farb. geol. Kt.; München (Bayer. Geol. L.-Amt).

– (1985): Geologische Karte von Bayern 1:25 000, Erläuterungen zum Blatt Nr. 8136 Holzkirchen. – 189 S., 22 Abb., 2 farb. geol. Kt.; München (Bayer. Geol. L.-Amt).

GÜMBEL, C. W. v. (1861): Geognostische Beschreibung des bayerischen Alpengebirges und seines Vorlandes. – 950 S., 5 geol. Kt., 1 Bl. Gebirgsansichten, 42 Taf.; Gotha (Perthes).

HABBE, K. A. (1988): Zur Genese der Drumlins im süddeutschen Alpenvorland – Bildungsräume, Bildungszeiten, Bildungsbedingungen. – Z. Geomorph. N.F., Suppl.-Bd. **70**: 33–50; Berlin, Stuttgart.

– (1994): Das deutsche Alpenvorland. – Aus LIEDTKE & MARCINEK: S. 440ff.; Gotha (Perthes).

HANTKE, R. (1978, 1980, 1983): Eiszeitalter. Die jüngste Erdgeschichte der Schweiz und ihrer Nachbargebiete. – 3 Bände; Thun (Ott).

HERMANN, H. (1957): Die Entstehungsgeschichte der postglazialen Kalktuffe der Umgebung von Weilheim (Oberbayern). – N. Jb. Geol. Paläont., Abh., **105**: 11–46; Stuttgart.

HESSE, R. & STEPHAN, W. (1991): Geologische Karte von Bayern 1:25 000, Erläuterungen zum Blatt Nr. 8234 Penzberg. – 315 S., 1 geol. Kt.; München (Bayer. Geol. L.-Amt).

HERZ, M. (1992): Seespiegelschwankungen im ausgehenden Würmhochglazial, Spätglazial und Holozän am Starnberger See – Geologische Kartierung des Gebietes zwischen Possenhofen, Feldafing und Roseninsel 1:5000. – Dipl.-Arb. TU München, München.

HIRTLREITER, G. (1992): Spät- und postglaziale Gletscherschwankungen im Wettersteingebirge und seiner Umgebung. – Münchner Geogr. Abh., Reihe B, **15**: 154 S., 2 Beil.; München.

JERZ, H. (1969): Erläuterungen zur Geologischen Karte von Bayern 1:25 000, Blatt Nr. 8134 Königsdorf. – 173 S., 19 Abb.; München (Bayer. Geol. L.-Amt).

– (1979): Das Wolfratshausener Becken, seine glaziale Anlage und Übertiefung. – Eiszeitalter u. Gegenwart, **29**: 63–69; Hannover.

– [ed.] (1983): Führer zu den Exkursionen der Subkommission für Europäische Quartärstratigraphie im Nördlichen Alpenvorland und im Nordalpengebiet (Bayern, Tirol, Salzburger Land). – Symposium »Würm-Stratigraphie«. 228 S.; München.

– (1987a): Geologische Karte von Bayern 1:25000, Erläuterungen zum Blatt Nr. 7934 Starnberg-Nord. – 128 S., 6 Beil., 1 Kt.; München (Bayer. Geol. L.-Amt).

– (1987b): Geologische Karte von Bayern v, Erläuterungen zum Blatt Nr. 8034 Starnberg-Süd. – 173 S., 5 Beil., 1 Kt.; München (Bayer. Geol. L.-Amt).

– (1993a): Geologie von Bayern. III. Das Eiszeitalter in Bayern. – 243 S.; Stuttgart (Schweizerbart).

– (1993b): Erdgeschichte des Berges. – In: Bosl et al.: Andechs – Der heilige Berg. – München (Prestel).

– (1993c): Geologische Karte von Bayern 1:25000, Erläuterungen zum Blatt Nr. 8132 Weilheim. – 156 S.; München (Bayer. Geol. L.-Amt).

Jerz, H. & Kleinmann, A. (1995): Ein spätglazialer Schwemmfächer bei Weilheim-Wielenbach. – Geol. Bavarica, **99**: 245–251, München.

Jerz, H. & Poschinger, A. v. (1995): Neuere Ergebnisse zum Bergsturz Eibsee-Grainau. – Geol. Bavarica, **99**: 383–398; München.

Jerz, H., Schauer, T. & Scheurmann, K. (1986): Zur Geologie, Morphologie und Vegetation der Isar im Gebiet der Ascholdinger und Pupplinger Au. – Jb. Verein z. Schutz der Bergwelt e.V. München, **1986**: 87–151, 1 Beil.; München.

Jerz, H. & Ulrich, R. (1966): Erläuterungen zur Geologischen Karte von Bayern 1:25000, Blatt Nr. 8533/8633 Mittenwald. – 152 S., 2 Beil.; München (Bayer. Geol. L.-Amt).

Kallenbach, H. (1964): Zur Quartärgeologie und Hydrogeologie im würmeiszeitlichen Isargletscher-Bereich nördlich von Bad Tölz. – Diss. TH München: 105 S., München.

Klebelsberg, R. v. (1912): Glazialgeologische Notizen vom bayrischen Alpenrande. III. Der Ammergau und sein glaziales Einzugsgebiet. IV. Die Voralpen zwischen Loisach und Isar. – Z. Gletscherkunde, **8**: 226–262, Berlin.

Kleinmann, A. (1995): Seespiegelschwankungen am Ammersee. Ein Beitrag zur spät- u. postglazialen Klimageschichte Bayerns. – Geol. Bavarica **99**: 253–367, München.

Knauer, J. (1929): Erläuterungen zur Geognostischen Karte von Bayern 1:100000 Blatt München West (Nr. 27), Teilblatt Landsberg. – 47 S.; München (Geol. Landesunters. Oberbergamt).

– (1931): Erläuterungen zur Geognostischen Karte von Bayern 1:100000 Blatt München West (Nr. 27), Teilblatt München-Starnberg. – 48 S.; München (Geol. Landesunters. Oberbergamt).

Kraus, E. C. (1964): Ein erstes zusammenhängendes Pleistozän-Profil im Süden von München. – Eiszeitalter u. Gegenwart, **15**: 123–163, 1 Taf.; Öhringen/Württ.

Kuhnert, C. (1967): Erläuterungen zur Geologischen Karte von Bayern 1:25000, Blatt Nr. 8432 Oberammergau. – 128 S., 16 Beil.; München (Bayer. Geol. L.-Amt).

Kunz, R. (1992): Erläuterungen zur geologischen Karte des nordöstlichen Ammerseeumlandes. Der Rückzug des würmeiszeitlichen Isar-Loisach-Gletschers im nördlichen Ammersee-Gebiet. – Dipl.-Arb. TU München: 143 S., München.

– (i. prep.): Geologische Karte von Bayern Bl. Nr. 7832 Türkenfeld. – Diss. TU München.

Landauer B. (1989): Geologische und hydrogeologische Untersuchungen am Ammersee zwischen Andechs-Erling und Pähl. – Dipl.-Arb. TU München: 123 S., München.

Penck, A. & Brückner, E. (1901/09): Die Alpen im Eiszeitalter. – 3 Bde., 1199 S., 30 Taf., 19 Kt.; Leipzig (Tauchnitz).

Peschke, P. (1983): Palynologische Untersuchungen interstadialer Schieferkohlen aus dem schwäbisch-oberbayerischen Alpenvorland. – Geol. Bavarica, **84**: 69–99, 1 Beil.; München.

Petermüller-Strobl, M. & Heuberger, H. (1985): Erläuterungen zur Geomorphologischen Karte 1:25000 der Bundesrepublik Deutschland, GMK 25, Blatt 26, Nr. 8133 Seeshaupt. – 58 S.; Berlin.

Plessen, M.-L. [Hrsg.] (1983): Die Isar. Ein Lebenslauf. – Ausstellungskatalog, 373 S.; München (Münchner Stadtmuseum).

POSCHINGER, A. v. (1991): Zur Genese der Kochel von Altenau. – Geologica Bavarica, 96: 215–221, München.

REICH, H. (1953): Die Vegetationsentwicklung der Interglaziale von Großweil-Ohlstadt und Pfefferbichl im bayerischen Alpenvorland. – Flora, **140**: 386–443, Jena.

REIS, O. M. (1935): Die Gesteine der Münchner Bauten und Denkmäler. – Ges. Bayer. Landeskunde e.V., **7–12**: 243 S.; München.

ROTHPLETZ, A. (1917): Die Osterseen und der Isar-Vorlandgletscher. – Mitt. geogr. Ges. München, **12**: 95–314, 2 Kt.; München.

SCHÄFER, J. (1968): Münchener Ebene und Isartal. Ein Beitrag zur Frage ihrer Entstehung. – Mitt. Geogr. Gesell. München., **53**: 175–203, München.

– (1975): Die Altmoränen des diluvialen Isar-Loisachgletschers und ihr Verständnis aus der Kenntnis der Paareiszeit. – Mitt. Geogr. Gesell. München., **60**: 115–153, 2 Kt., München.

SCHMIDT-THOMÉ, P. (1968): Flysch, Helvetikum und Molasse am Bayerischen Alpenrand. – Führer zu den Exkursionen A/C 16, Internat. Geologen-Kongreß Prag: 1968; 32 S.; München.

SCHNEIDER, M. (1992): Geologische Kartierung des Ammersee-Westufers zwischen Eching, Utting und Windach – Das Abflußgeschehen im nördlichen Ammerseelobus zur Zeit des ausgehenden Hochglazials – Zur Frage ehemaliger Seespiegelstände des Ammersees. – Dipl.-Arb. TU München: 135 S., München.

– (1995): Der hochwürmzeitliche Rückzug des Eisrandes im Ammerseelobus des Loisach-Gletschers – Zur Frage eines ehemals erhöhten Seespiegels. – Geol. Bavarica, **99**: 223–244; München.

SCHOLZ, H.: Erläuterung der geologischen Karte der Umgebung von Peiting und Hohenpeißenberg. – 22 S., Manuskript.

SCHOLZ, H. & SCHOLZ, U. (1981): Das Werden der Allgäuer Landschaft. Eine kleine Erdgeschichte des Allgäus. – 152 S.; Kempten (Verlag f. Heimatpflege). 2. Aufl. 1995; Stuttgart (Schweizerbart). 3. Aufl. 2016, 354 S.; Stuttgart (Schweizerbart).

SCHREINER, A. & EBEL, R. (1981): Quartärgeologische Untersuchungen in der Umgebung der Interglazialvorkommen im östl. Rheingletschergebiet (Baden-Württemberg). – Geol. Jb. **A59**: 3–64, Hannover.

SCHRAMM, S. (1989): Naturwanderungen im Münchner Alpenvorland. – 143 S.; München (Oreos).

SCHUMACHER, R. (1981): Untersuchungen zur Entwicklung des Gewässernetzes seit dem Würmmaximum im Bereich des Isar-Loisach-Vorlandgletschers. – Diss. Univ. München: 204 S., 7 Taf.; München.

STADTWERKE MÜNCHEN (1989): Wasser für München. – 24 S., München.

THENIUS, H. (1970): Paläontologie. – Kosmos: 143 S.; Stuttgart (Franckh).

TROLL, C. (1924): Der diluviale Inn-Chiemsee-Gletscher. Das geographische Bild eines typischen Alpenvorlandgletschers. – Forsch. dt. Landes- u. Volkskunde, **23**: 121 S., 1 farb. geol.-morph. Kt. 1:100000; Stuttgart.

– (1925): Die Rückzugsstadien der Würmeiszeit im nördlichen Vorland der Alpen. – Mitt. Geogr. Ges. München, **18**: 281–292; München.

– (1936): Die sogenannte Vorrückungsphase der Würmeiszeit und der Eiszerfall bei ihrem Rückgang. – Mitt. Geogr. Ges. München, **29**: 1–38; München.

– (1937): Die jungeiszeitlichen Ablagerungen des Loisachvorlandes in Oberbayern. – Geol. Rdsch., **28**: 699–611; Stuttgart.

UNGER, H. J. (1995): Geologische Karte von Bayern 1:50000, Bl. L7934 München; München (Bayer. Geol. L.-Amt).

VAN HUSEN, D. (1987): Die Ostalpen in den Eiszeiten. – 24 S., 1 Kt.; Wien (Geol. B.-Anst.).

WEINHARDT, R. (1973): Rekonstruktion des Eisstromnetzes der Ostalpennordseite zur Zeit des Würmmaximums mit einer Berechnung seiner Flächen und Volumina. (Mit einer Karte des Eisstromnetzes 1:1 Mill.) – In: Sammlung quartärmorphologischer Studien I, Heidelb. Geogr. Arb., **38**: 158–178, 1 Beil.; Heidelberg.

WOLF, F. (1989): Geologische Kartierung und Untersuchungen zur Entwicklung von glazialen Bachterrassen und Schwemmfächern im Gebiet zwischen Utting und Bierdorf. – Dipl.-Arb. TU München: 138 S., München.

WROBEL, J.-P. (1970): Hydrogeologische Untersuchungen im Einzugsgebiet der Loisach zwischen Garmisch-Partenkirchen und Eschenlohe/Obb. – Abh. Bayer. Akad. Wiss., math.-nat. Kl., N.F. **146**: 87 S., 3 Beil.; München.

– (1983): Grundwasser in Moränengebieten des bayerischen Voralpenlandes. – Geol. Jb., **C33**: 51–94; Hannover.

ZITTEL, C. (1874): Gletscher-Erscheinungen in der bayerischen Hochebene. – Sitz.-ber. math.-phys. Cl. Akad. Wiss.; **1874**: 252–283; München.

Geologische Karten

Geologische Karte von Bayern 1:500000, mit Erläuterungen. – Bayerisches Geologisches Landesamt, München 1996.

Geologische Übersichtskarte der Bundesrepublik Deutschland 1:200000, Blätter CC 7934 München (1991), CC 8726 Kempten/Allgäu (1983) u. CC 8734 Rosenheim (1980). – Geologische Bundesanstalt Hannover.

Geologische Karte von Bayern 1:50000, Blatt L 7934 München (1995). – Bayerisches geologisches Landesamt München.

Geologische Karte von Bayern 1:25000 mit Erläuterungen: Blatt 7833 Fürstenfeldbruck (1980), 7934 Starnberg Nord (1987), 8034 Starnberg Süd (1987), 8036 Otterfing (1985), 8132 Weilheim (1993), 8134 Königsdorf (1969), 8136 Holzkirchen (1985), 8234 Penzberg (1991), 8331 Baiersoien (1969), 8333 Murnau (1983), 8334 Kochel a. See (1985), 8335 Lenggries (1991), 8431 Linderhof (1967), 8432 Oberammergau (1967), 8433 Eschenlohe (1976), 8434 Vorderriß (1993), 8533 Mittenwald (1966). – Bayerisches geologisches Landesamt München; jetzt Landesamt für Umwelt (LfU), Augsburg, Bürgermeister-Ulrich-Straße 160.

Bodenkarte von Bayern 1:50000, Blätter L 7932 Fürstenfeldbruck (1986), L 7934 München (1987), L 8132 Weilheim (1987), L 8134 Wolfratshausen (1986). – Bayerisches geologisches Landesamt München.